父母一定要懂的孩子的心理学

青少年常见心理问题解析

马璐璐◎编著

天津出版传媒集团

天津人民出版社

图书在版编目(CIP)数据

父母一定要懂的孩子的心理学. 青少年常见心理问题
解析 / 马璐璐编著. -- 天津：天津人民出版社，2018.5
　　ISBN 978-7-201-12868-9

Ⅰ.①父… Ⅱ.①马… Ⅲ.①青少年心理学–通俗读
物 Ⅳ.①B844-49

中国版本图书馆 CIP 数据核字(2018)第 007542 号

父母一定要懂的孩子的心理学——青少年常见心理问题解析

FUMUYIDINGYAODONGDEHAIZIDEXINLIXUE

————QINGSHAONIANCHANGJIANXINLIWENTIJIEXI

出　　版　天津人民出版社
出 版 人　黄　　沛
地　　址　天津市和平区西康路 35 号康岳大厦
邮政编码　300051
邮购电话　(022)23332469
网　　址　http://www.tjrmcbs.com
电子信箱　tjrmcbs@126.com
责任编辑　刘子伯
印　　刷　晟德（天津）印刷有限公司
经　　销　新华书店
开　　本　787×1092 毫米　1/16
印　　张　18.875
字　　数　130 千字
版次印次　2018 年 5 月第 1 版　2018 年 5 月第 1 次印刷
定　　价　38.00 元

前 言 PREFACE

　　青少年时期是人一生中身体发育和心理发育的重要时期，充满了新的潜能、挑战和发现，它是孩子们尝试成为什么样的人的重要阶段，它将可能永远地改变他们。

　　然而，从心理学的角度讲，青少年时期又是一个问题多发的时期，其根源在于，这一时期孩子的特点是生理上的成熟，特别是性的成熟。在生理变化的同时，伴随着产生了一系列的心理变化。然而，他们的心理成熟度远远不及生理成熟度，这让他们不仅承受着既往从未经历过的"少年维特之烦恼"，而且处理不好，很容易就会出现相当严重的问题。

　　另一方面，由于青少年心理活动状态的不稳定性；认知结构的不完备性；对社会和家庭叛逆及依赖的冲突；成就感与挫折感的交替等，使得他们的负面情绪较重。并且由于青少年自我意识的脆弱，生活阅历的肤浅，抗挫能力薄弱，因而更易产生心理问题。暂时性的心理问题若得不到及时排除，就会产生不良反应，影响心理健康发展，甚至酿成日后难以挽救的悲剧。

作为孩子最亲密的人，家长们的责任重于泰山。我们在对这一特定时期的孩子给予充分关注的同时，应给予更多的理解和尊重，对于他们自身因为生理、心理的变化难以驾驭而产生的困惑与烦恼，其中包括家长和学校都不希望出现的"感情问题"，切莫大惊小怪，如逢大敌。而应该充分理解孩子，读懂孩子，给予正确地引导，在尊重孩子情感体验的同时，帮助他们安然度过人生的这一最重要时期。

本书的主旨在于帮助家长朋友们全面地了解健康心理学、教育心理学等相关内容，科学地梳理好自己的情绪情感，调适好自己的心理状态。只有这样，我们才能正确指导、解决孩子在成长过程遇到的各种错综复杂的问题，成为一名合格的青少年教育的辅导员。

目录 CONTENTS

第 **1** 章　挣脱那片阴霾

——孩子的内心世界，决定他将来的幸福感

青少年时期是培养健康心理的重要阶段，各种习惯和行为模式，都在这时定型。如果这时引导得好，孩子的品德智力会得到健康的发展；如果在此时忽略了孩子的心理卫生，那么，希望孩子成人后有健全的人格和健康的心理，就比较困难，甚至是不太可能的了。

第2章　就和你们对着干！

——没有理解，就没有亲子和谐

孩子越长越大，渐渐变得倔强和不听话，家长们总是非常头疼，因为有时孩子跟自己就像是仇人一样，永远跟你反着来。怎样才能搞定孩子，亲近孩子，这首先要求家长放下架子，俯下身子和孩子说话，以平等的态度对待孩子，用换位思维思考孩子的问题，把孩子当作一个有思想有感情的人。

第3章　没有人可以不需要朋友

——扫除孩子社交障碍，培养健康社交心理

当今是知识经济的时代，学会与人共同生活已成为个人必备的素质，培养孩子发展人际交往，则是帮助孩子实现这一素质的基础。作为家长，帮孩子学会交往，让他走进他人的心灵世界，让他像一滴水融入大海一样，融入到社会中去，这是我们不可推卸的责任。日常生活中，我们应该言传身教，在潜移默化中让孩子学到待人接物、交流合作的交际技能。

第 **4** 章　点燃一盏心灯

——培养孩子价值观，比给孩子报学习班更重要

有强烈良好价值观的孩子往往具有很高的自评能力，也能很好的抵抗排斥力。教导孩子的价值观是一件具有挑战性、有难度，但是却很值得一做的事情！怎样培养孩子的价值观?培养孩子的价值观，体现在日常生活中的方方面面，孩子需要引导，需要您的帮助，相信我们的努力和耐心一定会有所回报，孩子也一定会独立正确的面对遇到的一切问题。

第 5 章　天才，并不是强迫来的

——与其强迫孩子点灯熬夜，不如引导他自主学习

不顾孩子的感受，逼迫孩子学习，先入为主的希望孩子成为自己想象中的人才，过早的为孩子选定专业方向，凭自己的喜好培养孩子，这对孩子的健康成长是极为不利的。我们强调民主，是强调孩子是学习的主体，孩子的学习具有不可替代性，一定要理解孩子、尊重孩子，把孩子当成正在成长的人来看待，才能教育好孩子。

第 6 章　那情感，很朦胧

——给孩子悸动的心，注入几分理性

早恋一直是父母们广泛关注的问题，也是父母们最头痛的问题。早恋，作为恋情，本无可厚非，它是

一种纯洁而不带任何功利的情愫，然而过早地陷身其中，势必会影响孩子的身心发展与学习进步，因此，对青少年来说是弊大于利。那么父母怎样才能避免孩子陷入早恋的泥潭呢？我们认为，运用"以攻为防"的手段，做好预防工作是非常有效的。

第 **7** 章　糟糕，危机来了！

——防微杜渐，别让孩子在迷惘中走上错路

青少年时期是一个问题多发的时期，这时的孩子对社会充满了好奇，对此前未曾接触或父母禁止接触的事物，总有一种想要尝试的冲动。然而，因为心理上的不成熟，他们尚未形成正确的是非观，并不能完全正确判断自身行为的对错，再加上本身的自制力就差，一不小心就可能走上错路。可以说这个时期，家长的引导任务非常之重。

第 **8** 章　成长的困惑

——别让生理问题，成为孩子的纠结

看着孩子的变化巨大的身体，我们知道，孩子真的长大了，已经进入了青春期。青春期是孩子身体、心理巨变的时期，他们可能会对自己身体形态、生理的变化产生疑惑甚至感到神秘，也许迫切地想要了解这些变化的原因，但又羞于张口，于是便产生心理压力。这个时候，孩子最需要我们的引导，帮助他们完成生理和心理的蜕变。

第1章 挣脱那片阴霾

——孩子的内心世界,决定他将来的幸福感

青少年时期是培养健康心理的重要阶段,各种习惯和行为模式,都在这时定型。如果这时引导得好,孩子的品德智力会得到健康的发展;如果在此时忽略了孩子的心理卫生,那么,希望孩子成人后有健全的人格和健康的心理,就比较困难,甚至是不太可能的了。

1.引导得当,孩子的嫉妒心理也可以是好事

青少年常常喜欢与他人做比较,但是发现自己的某些方面,比如成绩、穿着、家庭条件等方面不如别人的时候,就会产生一种羡慕、崇拜的心理,这是上进心的表现。但是,有时也会产生羞愧、消沉、怨恨等不良情绪,这就是嫉妒心理。

青少年容易产生嫉妒心理，是因为青少年心理发展尚未成熟，对自己各方面能力还认识不足，遇上比自己能力强的人时就会感到不安所致。另一方面，青少年过于以自我为中心，常常更多关心着的是自己，不懂得从别人的角度出发，处处想要表现自己，所以才强烈希望别人在某一方面不如自己。

虽说嫉妒是一种可以理解的正常的情绪反应，但父母并不能对孩子的嫉妒心理放任不管，因为长时间的嫉妒会腐蚀人的良好品格。另一方面，孩子嫉妒心过强，也容易受外界的刺激，产生诸多不良情绪，影响其身心的健康成长。同时，嫉妒会让人失去团结和友爱的本性，这种缺点如果保留到长大以后，那么孩子就很难协调与他人的关系，在以后的生活中遇到更多的障碍。

小瑞自幼聪明伶俐，深受亲友和老师的喜爱。从小在一片称赞声中长大的他，渐渐变得异常争强好胜，不容许别人比自己强。

有一次，一位同学买了一件非常漂亮的 T 恤衫，得到了同学们的称赞。这下小瑞可不高兴了，他想："这有什么了不起的，好像谁买不起似的。"之后，他还在背后说起那位同学的坏话。

考试时，如果别的同学成绩比他高，他就感到很不服气，说别人是事先知道了题，或者是碰运气。

最让小瑞痛苦的是，他的同桌劳动委员华华被评为"优秀班干"身为班长的小瑞心里更不平衡了，"为什么他能评为优秀，我什么都比他做得好。"于是，小瑞没事总爱找茬儿和同桌闹矛盾。最近上课也总是不注意听讲了，以至成绩一落千丈。

嫉妒是一种不良的心理状态，是由于个人与他人比较，发现别人在某一方面或某几方面比自己强而产生的一种羞愧、不满、怨恨、愤怒等组成的复杂情绪。实际上，每个人都会产生嫉妒心理，而且是从儿童时期就开始了。随着人的成长和成熟，很多人对嫉妒情绪有了认识，进行自我调控，嫉妒心就会逐渐减弱。所以说，有的青少年嫉妒心强是不成熟的表现，只要给予正确的引导，就不难克服。

一般来说，爱嫉妒的青少年会有些情绪化，一会儿幸灾乐祸、得意忘形，一会儿又咬牙切齿地打人、骂人或搞恶作剧，一会儿又自怨自艾，意志消沉。虽然孩子的嫉妒心理，不像成人那样表露得充分，但是如果长期这样，就必然会导致一些不良的后果，影响其日后的学习和生活。

在现实的生活中，尤其不够成熟的青少年，最容易产生嫉妒心理。具体地讲，青少年的嫉妒心理主要体现在以下几个方面。

首先是学习，青少年往往容易妒忌成绩优秀、交往能力强的同学，看到别人被评上三好、优秀干部，获得奖学金或是老师夸奖，那么嫉妒心理就会使其情绪失落，内心产生淡淡的酸涩感。在这种心理的趋使下，他们就会自觉或不自觉地表现出不良的行为，如不满、挑剔、造谣、诬陷。

其次是才貌，才貌双全是每一个人都有所向往和追求的，也是容易得到更多赞赏和成功的条件。所以当很多才能低庸者、容貌较差者也想要获得却总是追求不到的时候，就会嫉妒比自己强的人。

此外如别的同学家庭条件好，穿着好看的衣服，背好看的书包，等都会成为青少年产生嫉妒心理的对象。

所以说，嫉妒是大多数人在青春期都有过的情结。这种强烈的想得到别人所拥有的东西的欲望，折磨过很多人，虽然承认起来需要一点勇气，但事实上，我们不得不承认，我们的确有过想得到别人所拥有的东西的念头，别人的头发，别人的成绩，甚至别人的父母。

【给爸妈的话】

从心理学的角度看，嫉妒是一种病态的心理，是一种有害的情绪，也是一种自私的表现。对于青少年来说，它对于身心健康的危害是非常严重的，所以摆脱嫉妒心态尤为重要。家长、老师具体可以这样做：

（1）不要总拿孩子和别人做不恰当的比较

我们家长很爱拿自己的孩子和别人家的孩子做比较，比学习、比特长、比身高……事实上，每个孩子都有自己的特点，对不同的孩子做同样的对比，或是拿自己孩子的短处和别人的长处去比较，显然是不公道的。

既然嫉妒来自不如别人的感伤，那么家长的这种比较很容易让孩子产生嫉妒心理，对孩子的成长很不利。

（2）提高孩子的自信心

提高孩子自信心，减轻事事不如人的感觉。自信心充足的孩子，确信自己在父母心中及周围人心中有牢固的位置，所以，他能够平心静气地与人分享成功的喜悦，正视同伴之间的竞争。

（3）让孩子正确地认识自己与别人的差距

现实中，人与人之间必然存在着差距，不是表现在这方面，就是表现在那方面。家长应该教育孩子正确地认识这种差距，并且正视自己的不足和缺点，并且把"努力改变自己"作为正确的指导思想。这样一来，青少年才能努力提升自己，缩小与别人的差距，变得越来越优秀。

（4）让孩子公平、友好地竞争

青少年书画水平、书面表达能力的提高，考试成绩的提高，都离不开勤学苦练。所以，家长应该提倡孩子公平、友好竞争的意识，靠自己的能力和智慧超越别人，比谁学习勤奋，比谁考试优异，比比谁有特长，而不是嫉妒别人，甚至是排挤、中伤别人。

（5）营造宽松的心理环境

嫉妒是一种有害的情感，它会伤害好友之间的友情，拉远彼此之间的关系。父母和老师应该给孩子营造宽容的心理环境，让孩子有愉快、轻松的感受，对未来充满信心，这样不良的情绪就会逐渐驱散。

2.孩子经不起失败，将来如何面对生活的伤害

青少年一般自尊心很强，非常"好面子"，而且喜欢过高估

计自己的能力，所以很难接受失败。一旦遭遇了失败或是挫折，就开始怀疑自己，失去了信心，不敢再次尝试。其实，这种心理是很正常的，这时候，父母应该理解孩子，引导孩子正确面对挫折和失败，培养坚强不怕挫折的品质以及抗挫折的能力。

小泽最近情绪很糟糕，上学的热情低了很多，学习不积极，还总抱怨老师不好，这个同学不好或者那个同学不好。小泽父母经过了解之后，发现原来是小泽遇到了挫折：在竞选班干部的活动中，小泽参与了竞选班长，结果以几票的差距落选了。他有点不甘心，接着又竞选学习委员，结果还是失败了。

面对接连的失败，小泽失去了信心，有了严重的挫败感，所以做什么都提不起精神，还对老师和同学们充满了抱怨。

"为什么我失败了？大家为什么不选我？""是不是大家对我有意见？还有我哪里做得不好？""我的成绩很优秀，为什么大家不选我？"……

小泽越是胡思乱想，就越难以接受失败的结果，于是他越来越沮丧，越来越伤心，甚至连学都不想上了。

事实上，孩子害怕失败，抗挫折能力差与父母的家庭教育方式不当有很大关系，现在，因为家长的过分娇惯和保护，孩子几乎没吃过什么苦，没受过什么累，也没有机会经历什么挫折。有的家长为了孩子更顺利地成长，什么都做好了准备，可以说是铺就了一条宽敞舒适的道路。所以，孩子从小就缺少了锻炼的机会，一旦遭遇了失败，就会容易产生挫败感，产生退缩的念头，甚至一点儿失败都承受不起。

正因为如此，我们经常听到某某小学生因为受到老师批评而不愿意上学的情况，某某中学生因为与同学发生冲突，或是学习成绩不好而自杀的情况。这些都是孩子抗挫折能力差的表现。

有了挫折感的青少年往往非常沮丧，干什么事情都没有热情，提不起精神，不愿意参加各种活动，甚至是变得沉闷寡言。有的孩子产生了挫折感之后，会抱怨这抱怨那，抱怨老师偏心，抱怨同学没有眼光。实际上，这就是孩子发泄自己内心情绪的重要方式。产生挫败感的最主要表现就是遇到事情逃避，不愿意面对失败和不敢再进行尝试。这是因为他们害怕再次失败，已经对自己失去了信心。

通常来说，青少年产生挫败感，主是原因大致有以下几点：

(1) 因为一次次的失败，失去了自信心

大多数青少年开始的时候，对自身的能力充满了自信，给自己定下很高的目标。但是，孩子由于一次次的失败，有了很大的挫败感，从而感到对生活环境和学业都无能为力，无论他们如何努力，也无法改变自己的命运。久而久之，他们就会体验到无助感，并放弃努力。

（2）对成功和失败的原因存在认识上的偏差

有"失败综合征"的孩子与其他孩子有一个明显的差别，那就是他们对自己的成功有一种"宿命"的观点，感到成功与失败不是自己能够决定和改变的，而是由外部的、自己无法控制的因素决定的。比如，认为自己天生就是笨，怎么努力也不会成功；别人天生就聪明，注定了不努力也会获得好成绩。

（3）家长、老师对青少年的不良评价

家长的教育方式对孩子有很大的影响，诸如这样的语言都会对孩子的内心产生极大的影响——"连这个都不会，你真笨"、"我看你是无可救药了"、"你这种成绩，真把老子的脸都丢尽了"、"你看隔壁家的孩子，你为什么就不能像他一样？"……

毫无疑问，这些令人泄气的话对孩子的自信会产生极大的影响。孩子的思维是比较简单的、具体的，他们会很大程度地相信成人说的话。如果父母说他笨，孩子可能就会信以为真，认为自己不聪明。

总之，青少年本身的原因以及家长和老师的影响都是孩子产生挫败感的重要原因，所以父母要帮助孩子建立自信心，让他们认识到自己的价值，这样才能彻底摆脱失败，战胜失败。

所以，如果父母发现孩子精神状态不对劲儿，就应该及时和孩子沟通，不要让他沉浸在挫败感之中，否则孩子会越来越对自己没有信心，越来越缺乏承受挫折的能力。

【给爸妈的话】

现在的青春期孩子大都比较欠缺坚强的意志，缺乏抗挫折能力，以至于失败了一两次就滋生了挫败感，丧失热情和信心。

所以，父母应该要及时安慰和鼓励孩子，给孩子加油打气。

（1）让孩子接受失败和挫折

让孩子接受失败和挫折，是战胜它们的关键一步，这就需要父母帮助孩子释放挫折情绪，只有这种情绪释放出来，孩子对于以挫折的认知才不会受阻。这时候，父母要鼓励孩子和自己倾述，缓解精神压力，然后等孩子情绪稳定之后，再给予鼓励和引导，这样孩子就会容易接受。

（2）帮助孩子解决学习上的困难

很多孩子学习成绩不好，并不是能力不行，而是学习方法不对。所以父母要帮助孩子解决困难，找到学习不好的原因，以便提高学习成绩。成绩提高了，孩子自然就可以走出失败的阴影。

比如，家长可以帮助孩子找到一门他比较擅长的学科，集中精力学好这一门学科，以此为突破口，让孩子感受到成功的乐趣和相信自己的能力。

（3）培养孩子坚强的性格

性格软弱的孩子容易产生挫败感，一遇到困难和挫折就逃避，就想办法绕着走。所以父母要培养孩子坚强的性格，在平时多让孩子独立做事情。父母可以在平时给孩子积极的暗示，让孩子消除消极的想法。比如孩子遇到困难想要退缩的时候，父母可以这样说："困难是弹簧，你弱它就强。我们要强过它。"

（4）不要太溺爱孩子，要让孩子多锻炼

如果孩子过分溺爱孩子，为他们铺好了道路，给孩子解决了一切困难，那么就会让孩子失去了锻炼的机会。因为缺少锻炼，孩子就很少经历失败，一旦失败就会产生挫折感，就会对自己失去信心。这种溺爱看起来是爱孩子，实际上却害了孩子。

（5）培养孩子的自控能力，增强孩子的承受能力

有些孩子遭受挫折的时候可能会口出恶言，抱怨这抱怨那，这时候父母应该培养孩子的自控能力，让他冷静、沉着地面对。当孩子逐渐能理智地面对挫折的时候，承受能力就会逐渐增强，心理素质就会越来越好。

3.为什么他们年纪轻轻，却那么爱"抑郁"

青少年本应该是阳光快乐的时候，可是有些孩子却有些抑郁，失去了生活的热情，觉得生活没有意思，做什么都提不起兴趣，甚至开始怀疑生命的意义。

"李璐吃饭了。"妈妈边收拾碗筷边叫在一旁发呆的李璐。

李璐慢吞吞地走过来，说道："妈妈，我以后能做什么工作呀？"

妈妈惊奇而又高兴地说："你的理想不是当医生吗，那你就去医院工作呀。"

李璐心不在焉地吃着饭，突然说："周日我们要出去玩，我穿什么衣服呀？"

妈妈说："就穿那套粉色的小裙子吧。"

李璐嘴里絮絮叨叨的很是不高兴。晚上一家人正在看电视，李璐闷闷不乐地说："我们天天都要这样的生活吗？我感觉生活真得很没意思。"然后她径直走进了自己的房间。

妈妈为李璐最近的状态很是担忧，于是走进她的房间一看，李璐正坐在书桌前望着课本发呆。妈妈耐心地问："李璐，你怎么了？"只见她用忧郁的眼神望着妈妈说："你说我能活到多少岁？"

每一个青少年都有较强的自尊心和成功的愿望，但因为他们承受压力的能力差，经受不住任何打击，常常因为挫折和失败而感到痛苦和恐惧，进而感到无力应付外界的压力，最终产生了抑郁情绪。严重的还会有食欲不振、失眠、胸闷、头昏等一系列症状。

对于朝气蓬勃的青少年来说，抑郁心理的破坏性是极其严重的。处于抑郁情绪当中的青少年，经常生活在焦虑、烦闷的心境中，内心孤独却不愿向家长、同学和老师倾诉；在学习上，经常精力不集中，情绪低落，反应迟钝，以至于成绩下滑；他们找不到生活和学习的重心和目标，所以对任何事情和任何人都采取冷漠以对的方式，更严重的是觉得人生沉闷无趣，毫无意义。

所以，父母一定要多关注青少年的心理状态，如果孩子一再表示做什么都没有意思，那么就可能是抑郁的表现。

一般来说，青少年产生抑郁的原因主要包括以下几个方面的因素：

（1）家长错误的教育方式，或是溺爱，或是完美主义

家长错误的教育方式与青少年抑郁性格的产生有着极大的关系。在家庭中，父母的一言一行，对孩子的影响都是非常长远的。

有许多父母在教育孩子时往往相当极端，或是过于溺爱，满足孩子的一切要求，或是追求完美，对孩子吹毛求疵。这两种错误的教育方式，常使孩子在生活上不自立，在学习上怕失败，从而在心理和性格上都受到压抑，逐渐变得忧愁、抑郁。

（2）孩子由于自我意识的发展还不够完善，对自我的认识和评价也不全面

由于自身的原因，青少年对自我的认识和评价往往是片面的，所以当现实和理想发生冲突的时候，孩子就会产生一种挫败

感，容易变得忧虑和苦闷。比如孩子对学习和生活的期望往往是过高的，一旦现实不尽如人意，那么就会因失败而感到苦闷和彷徨，产生自我无能感，陷入自轻、自贱的抑郁情绪，最终丧失自尊心，变得孤独、压抑。

（3）教育的原因，孩子心理压力非常大

现在孩子学习压力非常大，在学校、老师、家长的多重压力下，孩子几乎成为了读书机器，完全没有个人空间和自由。这使得孩子长期处于紧张、焦虑的情绪状态之中，所以容易导致抑郁。

另外由于学习的压力，孩子没有时间和同龄人交流和沟通，每天都是两点一线的生活，让他们感到生活单调乏味，缺乏情趣，继而感到孤独寂寞，进一步导致了抑郁情绪的产生。

（4）孩子缺乏生活的目标

如果孩子只关注学习，而缺乏自己的兴趣和积极的生活态度，没有生活和学习的目标，没有人生理想，那么孩子在生活中就会失去方向和指导，那么就会感到茫然失措和倦怠，从而导致抑郁，觉得什么都没有意义。

另外，外界的各种诱惑，比如网络、烟酒、坏朋友等也对孩子的心理产生很大的影响。如果孩子把握不好其中的"度"，就会感到空虚、无聊、抑郁。

【给爸妈的话】

抑郁是影响青少年心理健康发展的一个重要因素。它如一张无形的网罩住了本该充满激情的心灵，让孩子们每天生活在阴影之中。

下面为如何应对青少年抑郁心理提出几点建议：

（1）帮助树立正确的成败观，不要太在意失败

失败是非常正常的，如果孩子太看重成败就会影响心理健康。所以，父母应该告诉孩子不要太在意失败，即便考试成绩不好，也不应该过分忧郁，只要及时查漏补缺，认真反思，下次肯定能考好。

（2）培养孩子积极乐观的心态

朝气蓬勃的青少年不应该被抑郁所控制，应努力培养健康向上的心理，去学习，去生活，去成长。作为家长要引导孩子往积极的方向上去想，以平常心对待所有的事情。当孩子保持轻松乐观的心态时，自然就不会焦虑、抑郁了。

（3）家长要与孩子积极沟通，并对自己的做法进行反思

面对孩子的抑郁心理，家长首先应该与孩子进行真诚的、良好的沟通，让孩子打开心扉，找到抑郁心理形成的根源。如果发现孩子的抑郁是教育不当引起的，家长一定要反思自己，改变极端的教育方式，给孩子营造良好的生活环境。

（4）鼓励孩子走出家门，多交朋友

孤独会把人逼疯，成人尚且如此，心理尚未完全成熟的青少年自然更加难以应对孤独感带来的侵蚀。父母可以尝试减轻一些孩子的学习压力，让孩子多培养自己的兴趣爱好，多一些休闲和娱乐，并且鼓励孩子走出家门，与同学多多交流，争取交上几个无话不谈的好朋友。

这样一来，孩子就会变得慢慢地开朗起来，很多不愿跟家长说的心事则可以和朋友们分享，孩子的心理压力也就有了宣泄的出口。

（5）引导孩子多参加积极的活动，对生活充满激情

父母可以鼓励孩子多参加一些有益的集体活动，男孩子可以打篮球、游泳，女孩子可以唱歌、舞蹈。还可以引导孩子多认识一些优秀的朋友，在良好氛围的引导下，孩子就会对生活充满激

情，慢慢远离那些不良情绪。

4.孩子常成于坚韧，而毁于浮躁

浮躁心理是当前一些青少年的通病，主要表现为青少年做事盲目，缺乏思考和计划性，而且很多时候心神不定；对于某一件事情缺乏恒心和毅力，急于求成，不能脚踏实地而且耐不住寂寞，无法静下心来，稍不如意就轻易放弃，不肯为一件事倾尽全力；他们对任何事物总是患得患失，也经常焦虑不安、喜怒无常，总是自寻烦恼，惯性地"这山望着那山高"。

一天，丽娜兴高采烈地跑回家告诉妈妈自己要学舞蹈，以后要当一名舞蹈演员，登台表演，让台下观众全都为自己优美的舞姿而鼓掌。父母对丽娜找到奋斗目标感到非常高兴，为此全家还庆祝了一番。

可是加入学校的舞蹈队还没两天，丽娜就觉得练舞太辛苦了，总是摔跟头，于是放弃了。她看到好朋友小提琴拉得很好，也觉得拉小提琴比较时髦，于是就改学小提琴。但没坚持多长时间，她又觉得学小提琴太吵了，想要学个既安静又高雅的，便改学画画。学着学着她又觉得画画要求太高、太烦琐，又跑去学唱歌……

就这样周而复始，丽娜不断地转换兴趣班，始终没能好好静下心来专心学好一门才艺，一个学期下来，丽娜发现自己什么也没学会。

很多青少年和丽娜一样，一会儿想要唱歌，一会儿想要跳舞，看到别人画画又想要画画。做事情三心二意，朝三暮四，最终没有一件事能做好。这是典型的浮躁心理。

很多心理实验表明，那些具有强硬而不灵活、不平衡的神经类型的人，容易急躁，沉不住气，做事易冲动，注意力易分散。对此，家长应该给予重视，不要只关注孩子的学习，却忽视了培养孩子专心、沉稳的品质，以至于孩子做事急躁冒进，缺乏恒心。

总体来讲，青少年出现心理上的浮躁，主要是由于两方面的原因：

（1）家长教育的问题

很多家长教育孩子急于求成、急功近利，甚至到了有点"饥不择食，慌不择路"的程度。看到别人孩子在舞蹈上面得了奖，于是便给孩子报舞蹈班，让孩子学习舞蹈；看到别人孩子有音乐天赋，站在舞台上高声歌唱，于是就培养孩子唱歌，根本不考虑孩子是否有天赋。

由于父母只是想要找到一个捷径，让孩子快快成才，所以教育孩子的过程中也表现了更多的浮躁心态，从而影响了孩子。

(2) 青少年的个人原因

青少年心智发展不成熟，非常渴望成功和获得别人的赞赏，但是又缺乏务实精神和恒心，于是便滋生了浮躁心理。另一方面，青少年喜欢和别人攀比，这也是产生浮躁的直接原因。通过攀比，青少年对社会生存环境不适应，对自己的生存状态不满意，于是过火的欲望油然而生。

浮躁是一种冲动性、情绪性、盲动性相交织的病态社会心理，它不仅使青少年失去对自我的准确定位，还对生活和学习有很大的危害，所以父母必须给予及时的引导和纠正。

【给爸妈的话】

浮躁是一种存在状态，浮躁的人，不论做什么事都不能全心投入，朝三暮四，定不下来心。他们的心不是在以前，就是在以后，但是永远也无法关注在现在所做的事情上。

为了改变孩子的浮躁心理，父母应指导孩子注意以下问题：

(1) 要帮助孩子确立远大的理想

俗话说："无志者常立志，有志者立长志。"家长要告诉孩子有目标是好事，这样做事情才能有动力和方向，但是不能坚持自己的目标，时常改变自己的目标，那么什么事情也做不成。

家长应该帮助孩子明确生活的目的，树立远大的理想，这样孩子才能对生活和学习产生高度的责任感，才能防止浮躁心理的滋生和蔓延。

(2) 培养孩子的责任心

想要孩子解除浮躁心理，做事有始有终，家长就应该培养孩子的责任心，让孩子踏踏实实地做每一件事。责任心强的孩子不会轻易放弃，也没有焦躁的情绪，会一步步实现自己的目标和理想。

(3) 凡是三思而行，想好了再行动

家长应该告诉孩子，不管做什么事情，都要三思而行，想好了再行动，这样就不会出现做了又后悔的情况。引导孩子在做事之前，经常问自己这样一些问题："为什么做，做这个吗，希望有什么结果，最好怎样做？"这样一来，做事的目的明确了，就容易坚持到底了。

(4) 帮助孩子调节好心理状态，摆脱消极的情绪

很多孩子缺乏耐心，在学习中时常感到心情烦躁，这时候家长可让孩子转换一下心情，或是出去散散心，或是听一听优美、舒缓的音乐。当孩子的消极情绪消除了，心情平静下来，浮躁心理自然就消失了。

(5) 磨炼孩子的心性，让孩子平静下来

孩子容易浮躁，根本原本是内心很难平静下来，家长应该采取一些有针对性的措施"磨炼"孩子的心性，比如练习书法、学习绘画、下棋等，这些活动都有利于孩子增加耐心，时间长了，孩子浮躁的毛病就会慢慢改掉。

(6) 给孩子做好榜样

家长应该改变自己的教育方式，不要太具有功利性，不要看到什么火，就让孩子学习什么。家长要调整自己的心理，改掉浮躁的毛病，给孩子树立踏实、专心的良好形象，这样孩子自然就会受到影响。

此外，家长也可以借助其他的榜样去鼓励孩子，比如科学家、发明家、文艺作品中的优秀人物等等，让孩子看到自己的不足，督促自己改掉浮躁的毛病。

5.对于自负的孩子，要阻止他的优越感无限膨胀

虽然说自信很重要，但是过分的自信就是自负，两者之间存在着一个"度"，青少年往往把握不好两者的"度"，给成长带来了不良的影响，阻碍了学习和生活的进步。

彤彤从小是个要强、拔尖的孩子，做什么事情都想要赢过别人。如果她输了，就会用大哭、大闹来表示自己的不满。为了让女儿高兴，满足她这种要强的心理，父母多是顺着女儿的意思，在和她下棋、玩扑克和做游戏时总故意输给她，对她的一切表现都给予热情的表扬、鼓励："你真棒""你真是个聪明的孩子""你是最能干的"等等。

但是在学校里，可就没有人会无条件地顺着她了。可一直优越感很强的彤彤总是认为只有自己的观点最对、方法最好，要求别人必须听自己的意见。当别人提出不同看法的时候，她总是不以为意。而一旦事实证明她错了，或是在游戏、比赛时输给了别人，彤彤就会不依不饶地和大家矫情，或找各种借口为自己的错误和失败做解释，或是干脆就说是别人耍赖，而永远不承认自己输了。

彤彤这样的性格让她越来越孤独，别的同学都不愿意和她相处，而老师和家长也对此表示很无奈。

彤彤就是典型的太自负。自负的青少年有时会取得一定的成绩，但往往没有远大理想和志向，而只满足于眼前取得的成绩。而且，他们看不到自己的缺陷，认为自己是最棒的，别人都不如自己，所以只会"坐井观天"。另外，自负的青少年也很难建立良好的社交关系，因为他们不能做到平等相待，总是以高人一等的态度对待他人或喜欢指挥别人，或是根本看不起其他人。还有的孩子因为自负而不爱与人说话，不爱回答别人的提问，甚至变得爱挖苦人、讽刺人。总体来说，自负其实就是源于对自己的不正确认识，他们仿佛通过放大镜来看自己的长处，甚至视缺点为优点，从而过高地评价自己。

事实上，自负对青少年有不良影响，除了与人关系疏远、不受人欢迎外，还经不起失败，一旦遇到了挫折和失败，就会从骄傲走向悲观、自卑和自暴自弃，否定自己的一切，觉得自己什么都不如别人。

一般地说，自负多表现在独生子女身上，或是表现在家庭条件较优越、具有某种先天优势的孩子身上。自负产生的原因是多方面的，但是从家庭这方面来讲，多是由于家长对孩子过分宠爱、不能正确客观地评价他们所导致的。比如说，父母什么事情都顺着孩子，过多地夸奖孩子，孩子整天活在赞美之中，即便是孩子做错了也不给予批评和指导。

同时，父母骄傲自大的心态也会对孩子产生很大影响，比如某些父母自身条件比较优越，所以总是在他人面前流露出一种优越感和高姿态，经常评论他人，说自己比某某强。那么孩子也会在耳濡目染中产生自负的心理，只看到自己的长处，瞧不起别人。

总之，自负可以说是一种比较普遍存在的不健康心理，许多有专长或智力超群的孩子都容易染上这种心理疾病。家长必须重视孩子这种不健康的心理，及时给予指导和教育，不要让孩子为其所害。

【给爸妈的话】

青少年这种自以为了不起的自负心理是自我认知缺陷的一种表现，处处瞧不起别人，对大人也非常傲慢无礼，是一种缺乏自知之明的心理缺陷。如果家长纵容孩子的行为，不给于正确的引导，就会给孩子一种错觉，认为自己的完美的，从而失去了正确认识自我、提高自我的意识。

为了纠正孩子的自负心理，家长可以从以下几个方面去努力：

（1）让孩子正确认识自我

青少年产生自负心理的根源就是对自我认识不够，没有真正了解自己的长处、缺点，所以父母应该教育孩子认识自我、了解自我，并且时常进行自我反省，这样他们才能不断地改善自我，提高自我。

（2）给孩子正确的评价

家长不要一味地夸奖孩子，孩子做出了小成绩，就赞不绝口，尤其不要在客人面前没完没了地表扬孩子，。其实，这样的夸奖是完全没有必要的，反而让孩子失去了认识自我的机会，让孩子感觉飘飘然。家长必须改变对孩子的评价方式，给予客观正确的评价，这样才能避免孩子沉醉于赞美之中，避免孩子产生自负心理。

（3）减少孩子表现的机会

在家庭生活中，父母要注意不给孩子特殊待遇，不要让他成为家庭的核心，也不要总是让孩子表现自己。尤其是家里来客人的时候，没必要让他过多表现，也没有必要在客人面前频繁地夸孩子，否则孩子就总是会想要炫耀自己，觉得自己与众不同。

（4）该批评的时候要给予适当的批评

表扬可以让孩子进步，适当的批评同样可以让孩子提高自己。当孩子做错事情的时候，父母一定要给予适当的批评，让他明白自己错在哪里，自己还有改进的机会，千万不能视而不见，或是敷衍了事。要客观地指出孩子的不足，这样才可以帮助孩子正确地认识自己。

（5）增加孩子接触社会的机会

当孩子看到外面纷繁复杂的世界，接触到比自己更优秀、更具专长的人，认识到"强中自有强中手"，就不会为自己的所谓优势而自负了。因此，建议家长多带孩子出去走走，看看外面精彩的世界，而不要"坐井观天"，夜郎自大。

（6）父母要做好榜样，不能有骄傲的心态

想要让孩子不能产生自负的心理，那么父母就必须端正好自己的心态，不要觉得自身条件优越就总是在别人面前表现出高姿态，也不能经常批评别人的缺点。父母平时要谦虚低调，看到别人的长处，给孩子营造良好的生活环境。

6.孩子爱出风头，是因为眼里只有自己

青少年喜欢在众人面前表现自己，争强好胜，以博得别人的肯定和赞赏，是非常正常的现象。这是因为，随着青少年年龄的成长，心智的成熟，自我意识逐渐地增强。而所谓的自我意识，就是青少年对自己的身心、行为以及自己与他人、自己与社会的关系的意识。在这种意识的影响下，孩子非常渴望得到别人的理解，渴望得到同学们的认可和赞扬。以至为了吸引别人的注意，不管什么场合，都要表现自己，都要出风头。

赵飞平时喜欢争强好胜，上课总是抢着回答老师提问，集体活动的时候也比较喜欢表现自己。平时老师比较喜欢赵飞这样积极表现的孩子，可是同学们却不是这样，大家都不愿意和赵飞来往，觉得他太爱出风头。有些同学经常议论："就他爱出风头，什么事情都整个第一，真是太讨人厌了。"

一天，老师在课堂上说："学校组织帮助孤寡老人的活动，哪位同学想到老人院帮助这些老人，献出自己的一份爱心。"

赵飞第一个踊跃报名，结果不出同学们所料，老师把这个任

务交给了赵飞，让他组织爱心小组，周六日的时候到敬老院帮助那些孤寡老人。这时候，只听见班级内响起了稀稀落落的掌声，也响起了叽叽喳喳的议论声。

"我就知道，赵飞肯定积极报名，就他爱表现！"

"是啊，肯定是为了获得老师的表扬！"

"好像就他有爱心似的。我们都做出了行动，献了爱心。结果受表扬的却是他。"

"谁让人家积极踊跃呢！"

赵飞听到同学们的议论，感到非常感受。难道自己积极踊跃也错了吗？自己为什么成了众矢之的。赵飞回到家之后，闷闷不乐，妈妈询问原因之后，便说道："走自己的路让别人说去吧！只要你觉得自己是正确的，就可以坚持下去！不过，以后不要只顾着自己的想法，也从别人角度出发，多和同学们沟通，不要一味地表现自己。这样，或许就不会有人说你闲话了。"

"这个办法好！"赵飞听了开心极了，此后虽然仍积极表现，但是却不再只顾着表现自己，结果人际关系确实好了很多。

其实，孩子爱出风头，爱表现自己，和虚荣心强有很大关系。因为大多数青少年都是独生子女，从小就受到全家人的溺爱，父母对于孩子的任何要求都想办法解决，这样就养成了孩子以自我为中心的心理。

随着年龄的增长，孩子越来越希望得到关注，于是便想办法炫耀自己的能力，展现自己比较强的一方面。青少年只想着表现自己，却从来没有从别人的角度思考过，所以才容易引起同学们和周围人的不满，处理不好与别人的关系。

而一旦这些孩子得不到别人的肯定，反而引来很多风言风语，那么他们的自信心就会受到严重的打击，并且陷入迷茫和无助之中，心理压力越来越大。严重的情况下，这些孩子还会产生自卑和逃避的心理，不敢再表现自己，不敢再做其他事情。

另一方面，如果孩子从小就经常受家长的表扬和赞赏，在周围人的赞赏中长大。那么孩子就更加渴望其他人的夸奖，以至于做出了过分表现的行为，爱出风头却不自知。这样的孩子一旦看到别人比自己优秀，就会滋生嫉妒心理和不满情绪，非要和别人分个高下不可。这时候，父母要给予孩子正确的引导，让孩子知道爱出风头、争强好胜的危害性，否则只会招来别人的疏远，影响之后的学习和生活。

虽然青少年积极表现自己是自信的表现，是正常的现象，但是如果孩子过于爱表现，不管什么事情都要出风头，那么就可能是虚荣心导致的。所以，父母要及时给孩子正确的引导。

【给爸妈的话】

很多孩子都喜欢炫耀自己，喜欢出风头，这是青春期最常见的表现形式。那么父母应该怎么更好地教育孩子，让孩子积极表现自己，却又不过分出风头呢？

（1）帮助孩子认识自己

爱出风头是青少年不成熟的表现，他们想要获得尊重和肯定，但是又不知道如何表现自己，所以经常会出风头来博得别人的关注。父母应该帮助孩子正确地认识自己，认识到自己的优点，让孩子更加自信，这样孩子就不会极力炫耀自己了。

（2）让孩子懂得表现的尺度

很多青少年个性张扬，就喜欢表现自己，不管别人到底怎么想。作为家长应该用欣赏的眼光来看待孩子的个性，只要是积极向上的表现都应该给予支持和肯定。但是父母也要让孩子懂得表现的尺度，该表现的时候表现，该谦虚的时候谦虚。不要因为表现自己而贬低别人，或不要因为表现自己而忽视了别人的努力。

（3）不要让孩子有优越感，教会孩子低调和谦虚

为了尽量避免孩子炫耀自己，到处出风头，父母应该注意平时的教育，不要让孩子有特殊的优越感，同时还要教育孩子做人低调谨慎，多发现自己的缺点和别人的优点。

比如，父母教育孩子的时候不要只是表扬，一点小事就说"你是最棒的"。这样很容易导致孩子滋生虚荣心，形成骄傲自满的情绪。

7.别让悲观的色彩，抹暗了孩子年轻的生活

有的父母发现，自己的孩子好像生来就比较悲观，什么都无法让他快乐起来。在遇到问题的时候，第一时间想到的总是事情糟糕的一面，总是得出否定的结论；他们总是会给出悲观的解释，觉得生活是消极无奈的，怎么努力也是枉然。

在这种悲观心理的影响下，他们失去了斗志，不思进取，没有尝试的勇气，对生活和未来失去了信心和希望，所以也无法获得优秀的人生。

王亮一向胆子很小，在学校几乎不敢和老师讲话，更不用说上课主动举手发言了。在肯德基，不敢和肯德基阿姨要小礼品，

哪怕看到其他同学兴高采烈地炫耀他们的礼品。

班上来了新同学，别人都因为来了新朋友而高兴，可他却害怕自己受到冷落；老师批评一些同学顽皮，其他同学满不在乎，他却在心中想：老师是不是在批评我？我做得哪里不好吗？老师会不会讨厌我？

一天，家里养了没几天的小鸡死了，他非常伤心，然后自言自语地唠叨：为什么我们养的小鸡死了，养的小鸟飞了，养的花枯萎了，养的小松鼠跑了？这是为什么，难道是我们不能养小动物？

妈妈想不通，怎么现在的青少年有如此多的悲观情绪？

青少年本应该是朝气蓬勃的，积极乐观的，显然不应该具有悲观的心理和处世态度。有些孩子是先天的遗传因素造成此类悲观的性格，而有些孩子则是在后天受到了父母的影响，才会变得如此悲观。如果父母一直给孩子灌输消极的想法，不相信孩子，总是对孩子说"你肯定做不好""你不会成功的"，那么孩子潜意识中就有滋生悲观情绪。另外，负面的生活经验，诸如学习成绩差、失去朋友、父母离异等等，也会让孩子滋生悲观情绪，凡事都往坏处想。

悲观不仅仅是思考的负面方式，还是对孩子健康的最大威胁。塞利曼经过多次研究发现，今天的孩子与 20 世纪头 30 年的孩子相比，患忧郁症的危险要高出 10 倍。更可怕的是，患严重忧郁症的年龄提前了。他对三千多位 9~14 岁的儿童做过调查，发现有 9% 的孩子已经发展到忧郁症的后期。

家长如果想要青少年摆脱悲观心理，消除负面情绪，就必须须能区分乐观和悲观这两种性质截然相反的思想情绪。

一般来说，乐观的人总是认为自己命运不错，即使遇到一些挫折，他还是深信自己能够扭转颓势，继续努力下去。他们相信自己有能力改善现状，即使处于不幸，他们还是认为自己能够克服不幸。

而悲观的人正好相反，他们总是认为好事总是暂时的，坏事才是永远的；好事只是靠碰运气，偶然发生的，坏事才是必然的。在解释坏事发生原因时，他们也常常犯错误——或是每件事情都责怪自己，或是全都怪罪于他人。不管做什么事情，他都会做最坏的打算，故意夸大事情的严重程度，并且在感情上对夸大了的事情而非实际情况做出同步反应。

所以，父母应该想办法让孩子变得乐观起来，培养孩子乐观开朗的性格。积极消除孩子的悲观情绪，多关爱孩子，多给孩子信心，并且逐渐改变孩子的一些消极想法。因为一旦母认同了孩子的悲观想法，往往会加重孩子的悲观情绪。

【给爸妈的话】

乐观向上的性格在青少年成长过程中的作用很大。这个道理父母一般都懂。可自己的孩子还没有形成这种性格，甚至已经有了悲观、孤僻、懦弱或冲动的不良性格，那么应该怎么办呢？

父母们可以采用以下方法：

（1）帮助孩子学会正确地进行自我分析

随着年龄的增长，孩子的自我意识越来越强，自我分析能力也就随之产生了。但是，孩子年龄毕竟还小，自我分析能力弱，不能获得正确的结论。一旦遇到了失败和挫折，就会严重打击自尊心，如果父母不积极引导，让孩子认识到自己的优点和长处，那么孩子就会逐渐养成悲观的性格。

（2）重视与保护孩子的自尊，让孩子树立坚定的信心

多赞许，少责备，有助于提高孩子的自尊心，增加孩子的信心。悲观的孩子最直接的原因就是对自己缺乏信心，认为自己没

有能力，做不好事情。所以，父母切忌用尖刻的语言讽刺挖苦孩子，不要在别人面前惩罚孩子或不尊重孩子，以免损伤孩子的自尊心，使之产生自卑感。

（3）引导孩子学会自我调节，及时排除不良情绪的干扰

如果孩子的一些消极情绪得不到排解的话，就容易胡思乱想，从而导致悲观性格的形成。所以父母应该引导孩子学会自我调节情绪，发泄心中的不满和愤怒。比如和孩子良好地沟通，转移孩子的思路，减轻心理负担。父母还应该给孩子多一些关爱和鼓励，让孩子对生活和家庭充满信心，对未来充满希望，这样就不会消极悲观了。

（4）注意孩子情绪的变化，引导孩子走出困境

每个孩子都有可能会遇到不顺心的事情，父母应多留意他的情绪变化，鼓励他以积极的心态面对困难，把心中的烦恼说出来，教他以正确的态度和措施来保持乐观的情绪，这样孩子就可以走出困境。

（5）不限制孩子的自由

很多孩子不快乐，是因为父母的教育太严苛，使孩子感觉自己没有自由。尤其是独生子女，父母包办了所有事情，孩子无法

亲自体验做事的乐趣，同时也丧失了快乐的源泉。这样一来，孩子就会感到自卑，感到生活无趣，没有希望和未来。

（6）给孩子灌输一些乐观思想

父母想要孩子摆脱悲观心理，变得乐观开朗，首先自己应该学会乐观地面对生活，对任何事都要表现出乐观的心态。遇到困难，对孩子说没有什么大不了的，告诉他任何困难都是暂时的。

8.每一个自卑的孩子，心里都有一把解不开的锁

从心理学角度讲，自卑属于性格上的一种缺陷，是一种消极的心理状态，是实现理想或某种愿望的巨大心理障碍。

自卑就好比加在孩子心灵上的一把锁，它锁住了孩子的开朗和勇敢，锁住了孩子的手脚与心灵，让孩子无法向美好的前途奔去。当孩子感到自卑时，这种消极情绪会像野火般迅速蔓延，从而吞噬孩子坚守的信心阵地，让他失去前进的动力，甚至还会自暴自弃。

黄娟是个性格内向的小女孩，她总是觉得自己长得很难看，加上小时候因烫伤在胳膊上留下的一小片伤疤，使她感觉非常自

卑，在学校里她从不和同学们玩耍，自己总是在窗户旁静静地发呆，好心的同学想和她一起玩耍时，她也总是躲着，上课时，即使是自己会的问题，她也从来不站起来发言。

具有自卑心理的青少年孤立、离群、抑制自信心和荣誉感，当受到周围人们的轻视、嘲笑或侮辱时，这种自卑心理会大大加强，甚至以嫉妒、自欺欺人的方式表现出来。具有自卑感的人总认为自己事事不如人，自惭形秽，丧失信心，进而悲观失望，不思进取。

具体表现为：自卑的孩子大多说话时不敢正视别人的眼睛，说话的声音也细得像蚊子一样；人多的地方，只敢坐在角落里，不敢表达自己的想法，害怕自己的想法说出来后会遭到别人的耻笑；比赛、竞争，不敢在他人面前表现自己；拒绝交朋结友，不敢与人交流……

比如，自卑的青少年经常觉得自己什么也做不好，"这件事我无论如何也干不了，我不是这块料。"、"我对这件事太没有把握了。"在这种心理的影响下，他们会拿自己的弱点和别人的优点相比较，越比较就越气馁，越自卑，觉得自己根本是一无是处。

有的青少年在旁人面前脸红耳赤，说不出话；有的青少年认为大家都欺负自己因而厌恶他人。因此，若对自卑感处置不妥，无法解脱，将会使青春期的孩子们消沉，甚至走上邪路，堕入犯罪的深渊，或走上自杀的道路。

　　那么，为什么青少年会产生严重的自卑心理呢？

　　其实，这和家庭教育方式不当有很大的联系。很多家长对孩子要求太高，总以挑剔的眼光看待孩子，却对孩子的优点视而不见。孩子做出了成绩，父母没有任何鼓励和表扬，而做错了一点小事就批评"笨死了""没出息"。在家长的苛求和批评下，青少年的自尊心和自信心严重受损。再加上青少年心理调节能力较差，所以一遇到挫折，或是听到了别人的负面评价后，就觉得自己做得不好，久而久之，孩子的自信心备受打击，最终导致自卑心理的产生。

【给爸妈的话】

　　严重的自卑感对青少年的学习、生活都有很大的危害。要帮助他们摆脱自卑的阴影，父母首先必须改变自己对孩子的态度，以此重新树立孩子的自信心，让孩子懂得自我肯定。

(1) 不要对孩子要求过高

有的孩子之所以变得自卑甚至越来越自卑，最重要的原因就是家长的要求过高，孩子怎么做都无法满足家长的要求，使孩子时时处处被批评。时间长了，孩子做事情的时候，潜意识中就会否定自己，认为自己无法做好，认为自己达不到别人的要求。

因此，父母不可为孩子定下过高的目标，也不要奢求孩子完美地做好每件事，否则孩子就会产生强烈的挫败感。想要让孩子自信，父母应该从孩子力所能及的目标开始，然后难度一点点加大，这样的情况下，孩子很容易从自己的行为中获得满足和动力，也会越来越自信。

(2) 家长不要总拿孩子和他人做比较

在有些父母看来，和别人做比较，可以激发孩子的竞争意识，进而激发孩子的上进心。但是，这可能会给孩子的心理造成极大的伤害，造成孩子产生自卑的心理。因为每个孩子都有自尊心，想要得到别人的夸奖，尤其是父母的夸奖和肯定。当这些都无法实现的时候，他们就会感到沮丧，这时，如果父母还要拿孩子的短处与他人的长处进行比较，就好比往孩子的伤口上撒盐，会让孩子觉得自己越发没用。

（3）让孩子正确认识自我，肯定自我

自卑是人们缺乏正确自我认识、自我评价的表现，自卑的青少年心中的自我肯定往往是脆弱、飘摇不定的，所以非常容易受到外界因素的影响。比如说别人的一个批评就会让孩子失去信心，否定自我。所以，父母应该强化孩子的自我肯定，不断地激励孩子。

比如父母可以要求孩子为自家记一本"功劳簿"，让他每周至少一次写出（或画出）自己的"功劳"，并告诉他，所谓"功劳"，并不一定非得是很大的成绩，任何一点进步，以及为这种进步所做出的任何努力。

这样一来，孩子就会认识并肯定自己的成绩，慢慢地变得自信起来。

（4）鼓励孩子与人交流，多与同学接触

孩子一旦陷入自卑，就不愿与人交流，这对孩子的成长极其不利。家长应该引导孩子走出自己的小圈子，多与同学接触和交流，学习别人的自信和乐观。在其他同学的感染下，孩子自然就逐渐变得勇敢、坚强起来。

第2章 就和你们对着干!

——没有理解,就没有亲子和谐

孩子越长越大,渐渐变得倔强和不听话,家长们总是非常头疼,因为有时孩子跟自己就像是仇人一样,永远跟你反着来。怎样才能搞定孩子,亲近孩子,这首先要求家长放下架子,俯下身子和孩子说话,以平等的态度对待孩子,用换位思维思考孩子的问题,把孩子当作一个有思想有感情的人。

1.亲子矛盾,主要来源于彼此间的代沟

大多数家长都有一个共同的想法:孩子是自己生的,自己做的一切自然都是为了孩子好,自己在各方面的经验也比孩子多,所以孩子要无条件地听自己的话。既然家长是家里的权威,那么"交流"一词对一些家长来说已经变得可有可无。没有了交流,

才出现了孩子"不理解"家长的情况。

晓燕和父母之间的关系越来越糟，几乎接近冰点。这让父母感到非常担忧，他们不明白为什么孩子和自己的关系会变成这样。

晓燕说，父母要求自己整天除了学习还是学习，跟自己说话，除了吃饭、穿衣就是学习，从来没有问过自己累不累，至于自己有什么心事，父母更是连想都没想过，真是没劲透了。

事实上，晓燕是一个品学兼优、学习成绩在班级名列前茅的好学生，家境也十分不错，可以说是衣食无忧。但就是这样，她对自己的父母还是充满了怨气。她说，现在家里的气氛已经到达"冰点"。别看自己表面上什么也不缺，但自己真正想要的父母却根本不了解。

而晓燕的父母又有另一番说辞："孩子整天都是什么'粉丝''玉米'的，光听着就犯晕，哪知道这些娃都在想些啥啊！"

代沟就是两代人之间因年龄、价值观念、思维方式、行为习惯、兴趣爱好等各方面的不同而在认识和行为上产生的差异、摩擦或冲突。也可以说是，两代人彼此间你有你的观点、我有我的

43

意见，意见不一致从而在心理上产生相互排斥的感觉。

其实，青少年已经是一个小大人了，他们都具有独立思考的能力，逐渐地想逃脱父母的羁绊。而家长呢，总觉得他们还是孩子，对社会事物的认识还不够全面，怕他们会受到伤害，于是，总是放不开手不管，什么事都给他们安排好，要他们按照自己的意愿去做这做那的，通常在此时，青少年就会大力反抗。所以，父母和孩子之间的矛盾就由此产生：父母抱怨孩子不听话，而青少年却怨恨父母管得太多。家长的教育方法不均衡，与孩子的自我发展不同步，以及社会的快速发展，从而导致两代之间产生比较激烈的代沟冲突。

父母望子成龙，这本身没有什么错。所有的父母都会把希望都寄托在孩子身上，把全部的爱无私地奉献给自己的孩子，就是希望他们能超越自己，能够比自己风光。在父母心里，孩子能够快快乐乐地长大、能够考入理想的学府、能找到一份称心如意的好工作，能舒舒服服地过上安逸舒适的生活，自己就是再苦、再累、再艰难也毫无怨言。为了孩子的未来，父母可以为他们付出一切，正所谓"可怜天下父母心"。

然而父母有没有想过，你所想要给予的是不是孩子真正想要的，父母究竟知不知道孩子到底想要什么。青少年最想要的是自由，想挣脱父母的羁绊和约束，他们期盼自己能够自由自在地在天空中飞翔。因此，当父母把一些东西强加过来的时候，种种的"不理解"就产生了。他们把父母给予的爱误解为不自由和束缚，把父母的教诲说成是唠叨，有时还认为父母根本不疼爱自己，青少年的这种想法和做法让很多父母感到迷惑和不解，于是出现了代沟。

此外，在思想观念上，青少年比较开放，喜欢追求新事物，易于接纳新观念，有较大的创造性倾向，但稳定性较差，易变且多变，而家长则较为保守，讲求实际，不喜欢追求时髦，倾向于保持传统习惯；在行为方式上，年轻人会突破传统习惯，讲究与时代接轨，灵活性强，喜欢按自己的意愿行事，敢于尝试，勇于冒险，往往冲动而急躁，而家长做事则谨慎、沉稳，讲求踏实，注重质量，不愿冒险，不喜欢做没有把握的事。由于这些差异的作用，亲子之间的心理距离以至"代沟"就无法避免地形成了。

【给爸妈的话】

父母和青少年之间的代沟，是彼此产生矛盾和冲突的关键。

想要消除这种代沟，父母应该做到以下几点：

（1）承认代沟的存在，正视和孩子之间的问题

家长面对代沟，不要采取回避的态度，而应该正视这个问题，接受自己和孩子思想上和行为上差异，理解孩子的想法，这才能找到解决问题的方法。两代之间可能存在着代沟，但是并不一定存在着矛盾，不排除、多理解，才能让沟通更和谐。

（2）要与孩子及时沟通，真诚地和孩子交谈

交谈是最好、最直接的沟通方式，父母应该抛弃家长式的谈话方式，真诚地和孩子沟通，和孩子以朋友的方式相处，这样孩子就会和你交心了。

当然，这种交谈必须建立在双方平等的基础上，父母不能动辄就训斥孩子，不能总是以命令的口吻和孩子说话，否则双方之间的距离会越来越远，代沟会越来越大。

（3）要尊重孩子，给孩子足够的自由

青春期的少年渴望独立，对事物具有一定的批判、评价能力，因而不愿事事听命于大人，而喜欢批评、反抗权威与传统。他们迫切需要得到父母和周围人的尊重，承认其独立意向和人格尊严。

所以父母要学会尊重孩子，给孩子足够的自由，让他们觉得

自己能处理好自己的事情。如果父母总是以为孩子好的名义干涉孩子，那么孩子内心就会产生抵触情绪，变得越来越烦躁，报复和逆反心理也会日趋严重。

（4）引入家庭民主制度，听取和接受孩子的意见

孩子是家庭的普通一员，家长要学会接纳孩子的态度和意见，让家庭环境变得越来越民主。彼此倾听意见，取长补短，不仅可以促使亲子关系越来越融洽，还可以锻炼孩子处理问题的能力，独立自主的能力，这对于孩子的成长是非常有利的。

2.孩子逆反，只能"导"，不能"压"

很多青少年都有逆反心理，经常是你要我这样，我偏不这样，反而要那样；有时他明明做不到的事情，还坚持要自己做，拒绝父母的帮助；而另一些时候却每一件事情都要父母包办。这种情形让家长很恼火，家长越恼火就越训斥他们，但家长的训斥起不了什么规劝作用，反而更增加他们的反感情绪。

李威今年17岁了，上高中二年级。在高一的时候，李威的成绩很优秀，可是高二开始后，李威的成绩大幅度退步，上课不好好听讲，作业不按时完成，上学变成了应付差事，对学习好像

忽然之间再也提不起兴趣了。

而且李威性格倔强，个性鲜明，自尊心强，逆反心理严重。在学校里，只有他敢把头发染得五颜六色的，由于这种行为严重违反了学校的规章制度，李威还因此挨了处分。可在面对老师的批评时，李威竟然振振有词，拒不承认错误，态度非常恶劣。不仅如此，当他因为不按时完成作业并且考试成绩不理想而受到老师的批评时，还总是摆出一副不服气的样子，常常和老师顶撞，有强烈的抵触情绪。物理老师对他说了一些比较过激的话，李威从此再也不听物理课了，一上课就睡觉，课堂练习和课后作业也不去完成了。

李威的父亲长期在外地工作，他和母亲一起生活，母亲工作较忙，对李威要求特别严格，说一不二，缺乏必要的关心和理解。李威小时候不敢顶嘴，现在一听到母亲唠叨就发脾气，甚至现在一回家直接把自己关进房间，连个招呼都不打。母亲和他说话，他要么装听不见，要么就用"是"或"不是"随口敷衍，多问几句学习上的情况，他就不高兴的大声嚷嚷："没完没了的，烦不烦啊！"

青少年的逆反心理不过是建立自我的一种方式，是孩子必须经过一段否定成人要求的时期。他们并不是故意要反抗父母，而是为了要弄清自己是谁、所要的是什么。

一般来说，孩子的反抗包括行动和感觉两方面。在行动上，具体表现为：你不让做什么，他偏要做什么，什么都和别人拧着来。比如，不要他横过马路，他偏偏跑过去；要他别扔沙子，他却偏偏把沙子扔向别人等等。感觉上则表现为孩子的愤怒、惧怕、害羞、不合作等。其实，孩子这种不稳定的表现，正是他要进入一个较稳定时期的前奏。换句话说，青少年的反抗是他进一步成长的信号。

不同性格的孩子，逆反心理的表现形式也有所不同，有的表现为外向型的对抗，如用言语顶撞，或以破坏东西对抗父母；有的则是内向型的对抗，他们表面上很乖巧，听从父母的安排，可内心中却有强烈的逆反心理，时常偷偷与父母做对，私下做父母不同意的事情，阳奉阴违、心口不一。

根据心理学家研究发现，孩子十岁之后就会或多或少地产生对抗行为，因为这个时候，孩子的自主性逐渐增强，对一些问题有了自己的主见，因而对成人的一些行为采取排斥的态度。

尤其是父母时常干预孩子，对孩子要求严格的情况下，孩子更容易产生对抗行为。因为孩子已经有了自己评判事物的标准和看待问题的特有角度，这些特有的标准和角度在他们同龄人之间心领神会，但在一些家长的眼中却是混沌一片，不知道究竟怎么回事。如果父母想要一探究竟，监控孩子的行为，那么孩子就会千方百计摆脱家长的监控。在监控与反监控的较量中，孩子们对于家长的一言堂的管教方式产生了强烈的逆反心理，觉得自己干嘛非得听你的。

虽然逆反心理在青少年之中很常见，但是如果家长不能正确理解、谅解孩子的逆反心理，那么孩子就会做出出格行为，或是逃学、离家出走，甚至还会走上犯罪的道路。

【给爸妈的话】

逆反心理会导致孩子无法正确地判断事物，个性固执不讲理，这不仅影响到他们生活能力的发展，而且也经不起生活中的考验和挫折，这些对孩子的健康成长是百害而无一利的。那么，家长应该如何对待青少年的逆反心理呢？

（1）理解孩子，包容孩子

每个青少年都必须经历逆反期，都或多或少想要反抗家长。

父母应该理解孩子、包容孩子，回想一下自己，在这个年纪是不是也有逆反心理，是不是也与父母发生过冲突。理解了孩子，就不会认为孩子的行为是多么可恶，就会平静地对待孩子的反抗，有利于帮助孩子顺利地度过逆反期。

（2）以正确的方法关心和爱护子女

家长疼爱孩子是可以理解的，但应以孩子的正常发展为目的来关心和爱护他们。对孩子的关爱，不应只局限于物质享受方面，而要注意孩子心态的变化，以正确的观念教育孩子。父母应创造机会，让孩子多与同伴交往，提高社交技能，从而养成良好的品格。

父母也应当让孩子去接触社会，参与劳动，打破家庭封闭之门，让孩子了解事情并不是他所想的那么简单，从而学会从多角度考虑问题。当孩子出现乱发脾气行为时，应利用当时的周围环境，设法转移孩子的注意力，让孩子被一些新鲜事物所吸引，使孩子放弃无理的要求。

（3）鼓励孩子诉说和父母唱反调的原因

家长可以鼓励孩子述说唱反调的原因，有时候孩子和父母做对，并不是为了和父母生气，而是为了获取更多的关怀和重视。

51

所以，父母要多和孩子沟通，给孩子充分表达的机会，了解他们逆反的原因，这样才能从根本上解决问题。

（4）不要总是摆家长的架势，要学会和孩子平等沟通

青少年已经有了强烈的自主意识，有独立的思想，所以，父母要学会和孩子平等沟通，以朋友的身份与孩子"平行交谈"。这样的交谈，才能引起孩子积极主动的回应，才能让孩子畅所欲言。

比如，家长可以和孩子多谈谈生活、交友、兴趣方面的问题，少谈些学习的问题，不要让孩子感到太过压抑。

（5）发生冲突时，要及时转移话题

当家长和孩子发生冲突时，父母不要和孩子硬碰硬，也不要强硬地让孩子服从自己。最好的办法是先转移注意力，日后再找机会"动之以情，晓之以礼"。事后孩子冷静下来了，也可能会反省自己的行为，这时候你再讲道理，他就容易接受了。毕竟青少年已经过了儿童时期的胡搅蛮缠。

3.平等交流，才能实现良好家庭沟通

很多家长抱怨孩子不愿意和自己交流，抱怨孩子内向，不愿意说话。事实上，家长对孩子缺乏尊重是亲子之间缺乏交流的主

要原因。孩子并不是天生就不喜欢和家长交流的，只是很多时候家长的方式不恰当，总是高高在上，而且不屑于了解孩子的内心世界。

微微在大人的眼里是一个性格内向、很少说话的女孩，可是在同学和朋友的眼中，微微却性格开朗、聪明活泼。

平日里父母总是会自作主张地替微微说话，比如母亲和微微在路上碰见了熟人，熟人看见微微，总会问她一些问题，微微正要回答，母亲已经替她说了。再问别的问题，妈妈同样还是会替她回答。渐渐地，再遇到外人时，微微就不怎么说话了。于是微微在别人心里形成了不爱说话、性格内向的印象。

微微和父母之间还存在其他的一些问题，比如说微微给父母提意见，父母总是满不在乎。家里的事情没有微微说话的权力，即便是提出疑问，也得不到认可和重视。

忽然有一天，微微认真地对自己的父母说："爸，妈，咱们吃完饭好好聊聊好吗？我希望我们能够坐在一起，平等地对话。"微微的父母听得目瞪口呆。总之一句话，父母和微微之间太缺乏沟通，所以他们根本不了解自己的女儿，女儿的心思、个性、性格、爱好等，他们根本不知道，甚至根本没有想要了解过。

在大多数家长的眼中，现在的青少年是最幸福不过的了，他们要吃有吃，要穿有穿，娱乐消费丰富多彩，在学校里接受完整的教育，在家里更有长辈和亲朋好友的呵护与关怀，过得简直就是神仙一般的日子。

可是，父母在给予孩子最好的物质条件的同时，却忽视了孩子的心理需求。对于青少年来说，随着自身年龄的增长，心理发育的逐渐成熟，他们需要的不仅仅是物质上的满足，还希望父母可以理解自己，能得到自由的话语权。他们渴望发表自己的意见，和家长进行平等的沟通，这是更高层次的精神需要。

家长们不妨想一想，在教育孩子的时候，是否给予他们足够的理解和尊重，是否和他们平等的交流。或许有些家长抱有这样的想法：他们是小孩子，懂得什么？我是家长，孩子就应该听我的安排。还有些家长认为，一旦自己降低了身份，和孩子平等交流，就会让孩子不听话，更加难管教。

可是这种不平等的交流方式，让孩子产生了严重的失落感和缺乏交流的压抑感，从而产生种种心理疑问。当孩子有想法的时候，也不愿意和父母交流，有困难的时候也不愿意向对父母吐露，宁愿闷在自己心里。这不仅会影响孩子的身心健康，让内心变得更加压抑，还会拉远孩子和父母之间的关系。

所以，家长们不能一直抱着老旧的教育方式不放，总是想要保持家长的威严，而是应该多和孩子沟通，建立平等的交流方式，这样才有利于改善亲子关系，有利于孩子健康快乐地成长。

【给爸妈的话】

父母想要与孩子进行良好的沟通，就应该给孩子说话的机会，建立平等的交流方式，不要搞家长式的一言堂。大家可以尽量做到以下几点：

（1）倾听孩子的心声，尊重孩子的意见

父母应该懂得倾听，当你倾听的时候，孩子自然就愿意说出自己的想法了。当孩子说出自己的意见时，父母不能想当然地否定，如果意见合理就主动地接受，如果不合理也应该给予孩子帮助，引导其改善自己。

（2）给孩子平等对话的机会

父母应该懂得，在家庭关系中孩子和自己是平等的，孩子不是一定要无条件服从，父母更不能用家长的身份来强制孩子服从。所以，父母要给孩子平等对话的机会，即便他们说得不准确或不全面，家长也要认真去倾听，让孩子觉得你是真正重视他们的。

（3）尊重孩子，满足孩子的自主和自由

无论在什么时候，两代人之间真诚、平等的沟通，才是最好的亲子教育方法，才是最有效的教育手段。要想提高亲子沟通的质量，需要家长尊重孩子相对脆弱的自尊，并且时刻满足他们日益强化的"成人感"。在日常生活中，最好能让孩子觉得你是他们真诚的朋友，而不是只知道命令专制的家长。

（4）认真对待孩子的意见

孩子向你提出意见的时候，父母要认真地对待，不要敷衍了事，也不要因为忙就随意对孩子说："我很忙，别来烦我！"家长应该暂时放下手头的事情，认真地听听孩子的问题，并且尽量给孩子一个满足的答案，让他知道你的重视。

4.为什么孩子稍微长大，就嫌父母唠叨

爱唠叨，这可能是父母的通病，而且这种唠叨常常是事无巨细，不分场合，不分时间，没完没了。孩子犯错了，父母会唠叨几句，孩子取得了一些成绩，父母也会唠叨几句；孩子生病了，父母会唠叨孩子不注意身体，会唠叨孩子注意吃药；孩子学习成绩下降了，父母更是唠叨个没完，督促孩子好好学习，不要贪玩……

在父母看来，自己唠叨是为了孩子好，让他改正错误，不断提高自己，所以当遭到孩子激烈反抗的时候，会感动非常震惊。很多家长对于孩子的反抗感到很不解，认为孩子无理取闹，自己只是说他几句而已，是为了你好，你怎么还不知好歹呢！

王雷平时并不是非常顽劣的孩子，有一次，和同学因为打篮球发生了矛盾，王雷冲动之下用玻璃瓶把同学的头打破了，缝了十来针。为此学校对王雷进行了记过处分。对这件事，王雷的父母严厉地批评了他，生怕孩子以后再惹出更大的祸端。

不仅如此，父母还把这件事当成了里的把柄，时不时地拿出来唠叨两句："你别忘了你是个带着处分的学生！""你别忘了人家同学头上缝了十来针！""你要是再打架，后果可就更惨了！"而且，王雷几乎每天都能听到这样的唠叨声。

一开始，王雷确实意识到自己错了，觉得父母的批评是正确的，也是应该的。可是到后来，父母好像已经养成了习惯，不光是针对受处分的事，好像只要见着王雷，只要王雷有一点点不

57

对，父母就开始唠叨个没完。王雷心里想，我已经都改了，你们怎么还是这么没完没了啊！有时实在听烦了，就会忍不住和父母顶几句嘴。这下，父母就更唠叨个没完了，还说王雷越来越胆大了，不知道反省自己的错误。

最后，王雷积蓄了很久的怒火终于彻底爆发了，愤怒的父母大声吼道："我早就已经改了，你们怎么还是没完没了啊，是不是要提醒我再去打一架，好让学校开除我啊！"说完，王雷跑到学校里去故意挑事打架，结果被学校开除了。在校长办公室里，看着对校长苦苦哀求的父母，王雷心里却有说不出的愉快：这不怪我，都是你们逼的。

青少年时期的孩子已经和儿童时期的孩子有了很大的不同，随着年龄的增长，心智的发育，自我意识逐渐发展起来，独立意识变得越来越强烈。他们要求一定的独立性，希望得到父母对自己的尊重和自由空间。一旦父母不停地唠叨，孩子们就会感到非常烦躁。

另一方面，青少年在这个时期，最渴望的事情就是像"大人"那样去生活，最反感的就是家长再把他们当成小孩子看待，更讨厌家长对他们进行的强制教育。父母的这种唠叨，在他们看来，就是依然认为他们什么都不懂，依然无时无刻的对自己指手画脚，剥夺自己独立自主的权力，认为是对于自己权利的侵犯，是对自己的不尊重。

在这个时候，唠叨的内容已经不是青少年会考虑的了，他们所强烈抵触的是唠叨本身，即便是对自己的关心都是错的，只要是唠叨，就是对自己权益的侵害，就是错的。更何况，明明孩子已经知道错了，父母却还是唠叨不已，把过去的错误挂在嘴边上，当然会让孩子对立的情绪、反抗的情绪就会更加强烈。以至于发生反抗家长的行为，跟父母争吵、辩解，甚至还有更过激的反应。

【给爸妈的话】

在家庭教育中，我们提倡身教重于言教，家长身体力行，用榜样的作用去影响孩子，要多倾听孩子的心声，不要太唠叨。

（1）要给孩子一定的自主空间

父母们要知道，随着孩子年龄的增长，孩子的个性、思想、认知等等也逐渐发展成型。孩子有自己的思想，有自己的原则，并且极度希望父母能够尊重自己的想法，给自己自主的空间。如果父母不管大事小事都唠叨不已，过多地干涉孩子，那么就非常容易引起孩子的反抗。

（2）不管是批评还是劝告，都应该点到为止

随着年龄的增长，孩子的自尊心在越来越强的同时也会变得越来越脆弱。家长对孩子的说教应该做到点到即止，不能没完没了。青少年已经有了较为明确的是非观，只要你稍微点一下他就会知道自己的错误，就可以改正自己的错误。如果家长一再地唠叨，很可能适得其反。

（3）多给孩子建议，不要去强迫孩子接受自己的想法

对于青少年来说，建议远远比说教更有效。父母不要因为自己的经验丰富就告诉孩子应该怎样，也不要害怕孩子失败就唠唠叨叨地告诉他不要如何。不妨给出合理的建议，让孩子自己判断是否接受，这样不仅会获得孩子的尊重，还可以和孩子建立良好的关系。

（4）注意和孩子平等双向地沟通

很多家长在跟孩子说话的时候总是高高在上，告诉孩子应该做这，不应该做那，根本没有意识到孩子也有自己的想法。可是在孩子看来，父母的这些话就是一些没有意义的唠叨，就是一些

令人厌烦的大道理。

所以，父母应该和孩子建立平等双向的沟通，把"唠叨"变成了互动式的沟通，这样孩子也更容易接受一些。简单来说，就是不仅要说自己的观点，更要倾听孩子的想法，这样，孩子才能真正地听进去你的话。

5. 为什么孩子越大，越不爱和父母说话

"父母是孩子的第一任老师"，但是很多父母却始终以"师者"的身份自居，高高在上地对孩子进行说教。这样的教育方式实际上让孩子越来越疏远家长，对家长产生了敌视与对抗的心理，并且逐渐开始选择漠视的方式来对抗父母。

晓梦自从上了初中以后，和父母之间的交流就变得越来越少。每天放学之后，晓梦总是把自己关在房间里，不到吃饭的时间不出来，吃完饭后又把自己关在屋子里。以前，晓梦遇到了什么不开心的事，都会和父母说；遇到了解决不了得难题，也都会和父母去商量，可是现在，晓梦宁愿把话憋在肚子里也不愿意和父母沟通，弄得父母不明所以。有时候，晓梦做错事了，父母说晓梦两句，晓梦也不顶撞，默默地听过之后，随口敷衍两句，扭

头就回屋了。父母有时候误解了晓梦，晓梦也不像过去那样据理力争，同样是把门一关，保持沉默。

晓梦的父母对此越发着急，但是又找不到好的解决途径。无意中，晓梦的母亲看到了晓梦的日记，日记里写着："他们根本就不了解我，更谈不上什么理解了，平日里就为了那么一件小事唠唠叨叨那么长时间。他们根本就不知道我想要的是什么，每天还在那儿说什么现在的孩子多幸福，要吃有吃、要穿有穿的风凉话，他们知道我现在一天活得有多累吗？要是他们不再逼着我今天学这个，明天补那个，我宁愿去挨冻受饿。在他们心里只有考试成绩，根本就没有我，他们只是希望我的考试成绩排在前面，好让他们在和同事聊天的时候，有东西可以用来吹嘘……"

晓梦的母亲看完后感到十分惊讶，没想到晓梦的小脑袋里竟然积蓄了这么多的不满，可是晓梦的妈妈又不敢去问晓梦，害怕让女儿知道自己偷看了日记，关系会越来越僵。

其实，相对于"师者"的身份，家长更应该扮演的角色应该是"朋友"。

在教育心理学中有一种说法，对青少年的教育有四种策略：一种是独裁策略，这种家长对孩子进行独裁式的教育与管理，完全控制和支配孩子的日常行为，完全漠视孩子的个人意见和心理需求，只按照自己的构想去培养孩子；一种是监护策略，这种家长对孩子过于关爱，强调满足孩子一切的需要，对孩子宠溺过度；一种是和平共处策略，在这样的家庭中，家长与孩子互不交流也各不干，亲子之间相对隔离；最后一种是民主合作策略，这样的家庭充满民主气氛，孩子在家长面前可以畅所欲言，家长与孩子能够很好地沟通交流，彼此相互关心、互相信赖。

很显然，前三种的教育策略都是不妥当的。过分的溺爱会使使孩子从小养成任性、以我为中心的习惯，缺乏心理上的耐受性；过分的严酷、简单粗暴使孩子养成执拗的不良性格，对家长产生冷漠的态度，总有一种敌视的感情在里面，有一种成心和家长做对的对抗心理。而这种对抗由于家庭地位上的差别，最终就以沉默的形式表现出来。父母只有和孩子良好地沟通，了解孩子的想法，体会他们的感受，孩子们才能在父母面前畅所欲言，才能更加信任和尊重父母。

另外，如果家庭关系紧张，父母离异的孩子，内心也会产生对抗心理，不愿意和父母沟通，甚至会仇视父母、仇视身边的所有人。

当然除了父母教育和家庭环境的因素，青少年自身的心理发展也是比较重要的原因。青少年的认知水平还处在相对低下的状态，心智发展还是不太成熟，所以在遭受父母批评教育的时候，往往会产生一种敌对心理与反抗心理；青少年存在着强烈的自尊，当与别人进行比较时，很容易产生心理不平衡的矛盾，尤其是比较内向的孩子在心灵上会受到严重的创伤。最终，这些敌视、反抗、创伤都会形成一种沉默相对的结果。

青少年时期是人生最重要的发展时期，如果父母不注重心理素质的培养，不注重和孩子之间的沟通，那么孩子就可能形成性格和心理方面的缺陷，对于人生发展造成不能弥补的损失。

【给爸妈的话】

面对青少年这种沉默的对抗，父母应该想办法让孩子主动说话，倾述自己的心声，这样才能为接下来的沟通打下了良好的基础，才能建立良好的亲子关系。

家长们要努力做到以下几点：

（1）尊重孩子的想法，让孩子培养独立自主性

青少年都有自己独立的想法，并强烈希望进行尝试，实现自

己的想法。这时候，父母不要过多地干涉孩子，要尊重孩子的想法，培养其独立自主性，这样孩子才能学会表现自己的能力，才能拥有属于自己的一片天空。

（2）不要过分严厉，也不要忽视孩子

家长在教育孩子的时候，切忌过分严厉，运用简单粗暴的方式让孩子遵从自己的意愿；也不要对孩子漠不关心，缺少交流和沟通。这两种不当的教育方式都会让孩子产生反抗心理，并且对亲子关系越来越冷漠。

父母应该做到的是，对孩子同情理解，真诚尊重，并且多关心和理解孩子，这样孩子的内心世界才不会对父母产生误解、抱怨，甚至是无声的抵抗。

（3）让孩子公开表达自己的情感

家长通过自己的身体力行，认真对待孩子的心灵需求，潜移默化地引导孩子反思自己，注重孩子的内心感受和反应，从而形成密切和谐的人际关系，同时养成合作共享，善于沟通，真诚友爱，而且主动自立的良好品质。

（4）确保高质量的对话，让交流更顺畅

在孩子看来，和父母根本没有办法交流，所以干脆选择沉默。所以，父母应该确保和孩子进行高质量的对话，和孩子心贴心地交流，真正懂得孩子的想法和需求，分享彼此的想法和感受，寻找双方的共同点，这样才能让交流更顺畅。

当然这种交流并不是简单的事情，也不是一味地倾听就能实现的，它是建立在彼此尊重，平等沟通的基础上的。

6. 剥夺孩子的兴趣，就是在阻碍孩子成长

对于青少年来说，兴趣爱好是非常重要的。可是很多父母像小军妈妈那样，认为这会影响学习成绩，想办法阻止孩子参加课余活动。另一方面，父母认为自己经验丰富，知道什么爱好有利于孩子以后的发展，所以当孩子的兴趣与父母的兴趣不一致时，就会强迫孩子屈从于自己的意愿。

可是作为孩子的父母应该明白一点，你所决定的事要由孩子去实现，你如果违背了孩子的意愿，不尊重孩子的兴趣，往往是既没有达到自己的目标，又挫伤了孩子的自信心。

小军从小就喜欢踢足球，在小区里经常可以看见小军抱着足球和一些年纪相仿的同学在那里玩。后来，学校组建校足球队，小军报了名，而且还通过了考核，成了校队的一员。

小军的母亲得知小军参加了校足球队的消息后，极力反对。她认为这是"不务正业"，会对学习造成不好的影响。于是，小军的妈妈给他报了很多课外补习班，他妈妈想，这样一来，小军就没有时间去训练，校队可能就不会要他了，那么他就不会因为踢球而分散学习的精力，而且参加补习班又能帮孩子提高成绩，这真是一箭双雕的好办法。

　　但是小军对课外补习一点儿兴趣也没有，他认为自己的学习成绩并不差，根本没有必要去报那么多补习班。小军暗想，你有政策，我有对策，于是他利用每次上补习班的机会，偷偷参加足球队的训练。

　　在知道这一情况后，小军的母亲怒不可遏地批评了他一顿，但小军丝毫不觉得自己有错，还理直气壮地说："我就是喜欢踢球，你不尊重我的爱好我也没办法。至于补习班，我肯定不去，你要是喜欢就自己去。"

　　每个青少年有自己的兴趣爱好，也许这个兴趣爱好，在别人的眼里看起来是多么的不可思议，或是多么的微不足道，但是对青少年自己而言，却是他的最爱，是他的精神支柱。作为父母，应该要理解那些为了捍卫自己的兴趣爱好而过激、冲动的青少年。如果自己的兴趣爱好得不到父母的尊重，那么他们或许就会用激烈的行为进行反抗。

另外，青少年都有一定的逆反心理，如果家长对自己的期望值过高，或是一心关注自己的学习，处处限制自己，那么孩子就会反抗父母，和家长杠上了。你越不让我踢足球，我就越踢；你越让我练琴，我就越不练。其实孩子并非认为这件事是必不可少的，他们只是需要一个逃离残酷现实的媒介。

还有一些青少年可能是因为其他一些外在的因素，因而维护自己的兴趣爱好，比如孩子想踢足球，不是因为他喜欢足球这项运动，而是因为他喜欢上了某位足球明星，觉得那个明星特别帅等等。

所以，父母要尊重孩子的兴趣爱好，对于合理、高雅的兴趣爱好应该给予支持。如果孩子的兴趣爱好是网络游戏等不良爱好，那么父母也应该和孩子进行沟通，发现问题的所在，找到适当的解决办法。

【给爸妈的话】

对于青少年的兴趣爱好，家长非但不应该打压，反而应该加以引导和鼓励。家长应该做到：

(1) 尊重孩子的兴趣爱好，多给孩子鼓励和支持

孩子有自己的兴趣爱好，这其实是一件好事，可以让孩子多方面发展，全方位提高德智体美的素养。如果父母一心让孩子学习，那么就会使他成为一个毫无情趣的书呆子。

所以家长应该给孩子予鼓励和支持，使孩子的兴趣爱好得到进一步的发展。平常父母对孩子的教育态度要端正，不能因为自己是父母、是长辈就无视孩子的兴趣爱好，或是逼迫孩子按自己的所谓"合理规划"来生活。这样做必定会引发孩子激烈的反抗。

(2) 把握好孩子的作息时间，做到学习、兴趣两不误

家长在培养、发展孩子的兴趣爱好的过程中，要注意合理安排孩子的作息时间，学习时间、发展兴趣爱好的时间要适当分配。家长可以根据孩子的实际情况，征求孩子自己的意见，制定学习、娱乐的时间表，以确保在不耽误学习的情况下，发展更多的兴趣爱好。

(3) 不要强迫孩子，应该慢慢引导孩子

现在父母开始重视孩子兴趣爱好的培养，比如练琴、唱歌、

舞蹈等。但是，父母应该注意的时候，千万不要急于求成，把兴趣爱好当成作业每天强迫孩子完成，这样做只会让孩子对自己的爱好慢慢失去兴趣。父母应该慢慢地引导孩子，让孩子循序渐进地发展自己的兴趣爱好。

（4）要善于发现孩子潜在的特殊兴趣爱好

父母应该敏锐地发现孩子在某些方面的天赋，用心去发掘、培养孩子的兴趣爱好，这对于孩子性格的养成以及之后的成长都有很大的帮助。

比如孩子平时喜欢哼唱歌曲，这时候父母可以向唱歌这方面培养。但是如果孩子音质不太好，没有天赋的话，父母也不应该强求。

7. 偷看日记，对孩子来说是极大的不尊重

每个人都有自己的隐私，孩子也不可例外。很多孩子喜欢利用写日记的方法说出自己的心里话。这些心里话，是任何人都不得偷窥的。可是，父母们却一心想要看清孩子的秘密，甚至觉得偷看孩子的日记是正常的，是合理的。

一天，小川怒气冲冲地对妈妈说："你为什么偷看我日记!"

妈妈说："怎么是偷看呢？我是你妈妈，我有权力知道你的事情。"

小川大声地说："你这是侵犯我的隐私！"

原来，小川从小学开始，作文就水平不算高，于是妈妈就鼓励他写日记，提高自己的写作水平。妈妈平时也会检查小川的日记，看他是否有所提高。等小川上了初中，有了自己的心事，于是便不想让妈妈看自己日记了。他把自己的日记锁在抽屉中，可是妈妈平时看习惯了，又想要了解孩子的情况，于是便偷偷地打开了抽屉，翻看了孩子的日记，没想到引起了孩子的强烈不满。

可是，父母不明白，这种行为非常容易激起孩子对你的反感，让孩子产生反抗的心理。

对于进入青春期的孩子，他们此时正处于一个特殊阶段，自我意识高涨，渴望独立、平等，已经不像小时候那样对父母言听计从。他们追求独立，渴望自由，更渴望有自己的隐私。在这个阶段，他们的日记与小时候的流水账大不相同，会表现出明显的个人化，流露出自己的真实思想，并将其视为"最高机密"。在他们眼中，这些内容只有自己有知情权，其他人是无权涉及的。

但是，有些父母却不了解孩子的这种心理，总想仗着家长的身份，偷窥孩子的隐私，避免孩子有什么不良的思想，交上什么坏朋友，或是担心孩子早恋等等。在父母心里，这种行为是正常的，但是对孩子而言，这就相当于踏上了地雷，孩子一定会用爆炸的方式进行"维权"反击。

其实，父母大不必为此担心，因为，孩子写日记更多的是自省，是自己与自己交流的一种方式，这可以在一定程度上缓解心理压力，调节情绪，根本不是你想的那样"变坏了、想要彻底独立了"。父母应该尊重孩子的隐私，不要总是想着偷窥孩子的日记，否则一旦激起孩子的逆反心理，不仅会让亲子关系越来越紧张，还不利于孩子的健康成长。

【给爸妈的话】

对于孩子的日记，父母不应该偷看，对于孩子的隐私，父母应该给予尊重。作为父母，大家应该有这样一种心态：

（1）积极调整心态，尊重孩子的权力和隐私

父母应该明白：孩子已经长大了，有了属于自己的隐私，有了独立自主的权力。所以，父母应该给孩子一个独立的空间，应该允许孩子有自己的隐私和秘密。同时，父母应该用宽容和理解

的心态来对待孩子，这样才能换来她的信任和尊重。

（2）积极和孩子沟通，了解孩子思想的变化

如果父母想要了解孩子的生活和思想的变化，就应该多和孩子沟通，让孩子愿意和你说话，而不是通过偷看日记的方式来获得。

比如孩子最近不高兴，情绪低落，父母可以心平气和地和孩子说："孩子，你怎么了？要是遇到了什么烦心事就和我说，看看妈妈能不能帮助你。毕竟我也是从你这个年纪走过来的。"这时候，孩子或许就可以打开心扉了。

（3）不要刻意窥探孩子的隐私

孩子有心事不愿意和父母说也是正常的。这时候，父母不应该大发雷霆，斥责孩子"不听话"，也不要刻意窥探孩子的隐私，这样反而让孩子更加烦躁，更加和父母对着干。

8.孩子离家出走，可能是父母"逼迫"的

青少年时期，孩子的心理处于一种最脆弱和最容易冲动和叛逆的阶段，这时候孩子的心理承受能力比较低，遇事总是走极端，或是选择彻底的沉默，或是强烈的反抗。离家出走行为就是孩子强烈反抗的表现之一，目前在社会中，这样的现象非常普遍。

莉莉现在读初三，是一个很老实听话的乖孩子，不管是在家还是在学校都受人欢迎。可是突然有一天，这个人人称赞的乖孩子竟然做出了让所有人震惊不已的举动——离家出走。

莉莉的父母找遍了孩子平时常去的地方，给她要好的朋友都打了电话，可就是找不到她。最后，父母只得求助于警方，经过了一番调查之后，发现莉莉这段时间和校外的朋友来往十分密切，两人这几天到外地散心了。

事后，莉莉说出了自己离家出走的原因。原来莉莉的学习成绩一直不太理想，可父母却希望她能考上重点高中，这让她感到很大的压力。随着中考时间越来越近，她的压力越来越大，担心自己的成绩无法向家长和老师交代，所以才想要离家出走，和朋友外出散散心。

青少年时期是抑郁症的第一个高峰。因为学业的压力、父母的压力，孩子们可能会对自己的未来感到迷茫，对前途悲观、绝望，从而导致强烈的自卑心理。当心理矛盾达到极点，孩子就会选择离家出走来让自己释放或是逃避压力，更严重的还会产生轻生的念头。

具体来说，现在社会上形成了追求高学历、高录取率的风气，家长因此对子女期望值过高、要求过严，希望孩子考上重点中学、重点大学。这使得孩子们每天面临着巨大的学业压力，夜以继日地加紧备战。不管是成绩优异者还是成绩普通者，都背负着沉重的压力，学习优异者担心学习水平不能正常发挥，而学习普通者则担心父母对自己失望，担心自己在老师和同学面前抬不起头来。这些压力使得孩子不堪重负，那么离家出走就成了孩子摆脱这种压力的唯一选择。

另外，两代人之间的代沟也变得越来越大，父母不理解孩子，只是一味地管教和压制，导致双方的沟通不畅，孩子对家长的不满越来越严重。而这也是孩子离家出走的一大原因。还有些青少年，面对着紧张的家庭关系——父母离异、关系不和等情况，使得其身心发展受到了严重影响，所以可能会在积压很久之后选择一走了之。

还有更多的青少年离家出走原因就是报复自己的老师和家长，因受到或自认为受到家长的不公平对待，因此用离家出走进行报复。他们一般不会走得太远，当暗中窥视父母东寻西找的狼狈相时，还会幸灾乐祸、得意扬扬。

青少年离家出走存在着很大的危害，不仅会耽误学业，还可能会沾染上社会上的不良习气，甚至走上歧途，更严重的是，一些涉世不深的孩子极易被坏人盯上，危及个人人身安全，甚至会被坏人利用而可能走上犯罪道路。所以，父母一定要及时采取措施，或是积极寻找，或是寻求警方的合作，避免孩子发生危险。

【给爸妈的话】

青少年离家出走的原因通常有很多，比如说人际关系紧张、学习负担过重、逆反心理、厌学情绪、盲目从众心理等，这些都是致使青少年离家出走的重要因素。面对青少年离家出走的情况，家长们应该采取以下措施：

（1）不要给孩子过多的压力

很多孩子离家出走的原因在于学习压力过大，所以父母不要对孩子要求太高，让孩子无法承受过多的压力。家长应该适当地给孩子减压，合理安排孩子娱乐休闲的时间，让孩子根据自己的实际情况制定学习目标和学习计划。只要给孩子宽容的学习空间，孩子的压力降低了，就不会想要离家出走了。

（2）多鼓励孩子，帮助孩子走出困境

很多时候，孩子离家出走是因为遇到了挫折和困境，自己没办法解决。这时候，父母应该多鼓励孩子，给孩子信心，而不是打击孩子的信心。一旦孩子失去了信心，就会因为自暴自弃而离家出走。

（3）要加强与孩子的交流，多关心孩子

父母要加强与孩子的感情交流，从生活上关心他们，从感情上亲近他们，从心理上理解他们，拉近家长与孩子的距离。孩子获得了理解，心中的压力就会得到适当的排解，就不会钻牛角尖了。

同时，家长要加强与学校的联系，及时全面地掌握孩子的在校情况，并及时向老师反映孩子的情况，这样就可以防止情绪异常而出现离家出走的情况。

（4）对于出走的孩子，要亡羊补牢，自我反思

对于离家出走的孩子，家长就应积极地与孩子沟通，不要责骂孩子。父母应该反思自己的行为，反思自己的教育方式是否存在弊端，如果发现是自己的问题要及时向孩子认错，得到孩子的谅解。这样孩子的逆反心理才会消除，自愿地回到家长身边，接受父母。

第 3 章　没有人可以不需要朋友

——扫除孩子的社交障碍，培养健康的社交心理

当今是知识经济的时代，学会与人共同生活已成为个人必备的素质，培养孩子的人际交往，则是帮助孩子实现这一素质的基础。作为家长，帮孩子学会交往，让他走进他人的心灵世界，让他像一滴水融入大海一样融入到社会中去，这是我们不可推卸的责任。日常生活中，我们应该言传身教，在潜移默化中让孩子学到待人接物、交流合作的交际技能。

1.拒绝自闭，别让孩子成为世上最孤独的人

自我封闭，是指青少年与外界隔绝开来，很少或根本没有社交活动，除了必要的学习外，大部分时间将自己关在家里，不与他人来往。自我封闭者都很孤独，没有朋友，甚至害怕社交活

动，因而是一种病态心理现象。

阳阳是一个初二女孩，从小全家都对她十分宠爱，在家里，吃饭时把好吃的全给她；做作业时，爸爸寸步不离地陪着；口渴了，爷爷立即端上水；该睡觉了，奶奶忙着帮她洗脸洗脚。她有什么不开心的事，大家哄她，希望她快乐。

后来阳阳上中学了，父母看着她一天天长大感觉很欣慰，可是父母渐渐地发现，她越来越不开心了，似乎变成了一只孤单的小鸟。下课了，同学们有的做游戏，有的拍球，有的跳皮筋，校园里充满了欢声笑语，教室里只有阳阳一个人。在语文课上，同学们自由分组学习时，她走来走去，没有学习伙伴。放学了，同学们三五成群结伴而行，她却背着书包行影孤单。

这是怎么回事呢?为什么欢乐的人群中没有她?前几天，老师留的数学作业有点儿难，一个同学来问她，她忙闭上眼睛，不说话。同学又问了一声，她眯着眼，不耐烦地说:"走走走，我还不会呢!"那位同学不高兴地走了。

妈妈为此很着急，耐心地教导她，要与同学好好相处，阳阳却说:"我不想被别人打扰，我感觉这样生活挺好的。"

青少年自我封闭，大多与他们所处的环境有很大关系，比如阳阳就是因为家庭环境优越，从小万千宠爱于一身，以致于让人不敢接触，所以长期生活在"无人问津"的生活状态中。

有些孩子的自我封闭，可能是错误地看待了人际关系，他们认为人与人之间没有真情可言，每个人都是自私的，没人能理解自己，所以拒绝和别人交往，孤芳自赏。还有的孩子自闭，是因为性格内向，习惯于独处，所以不善于和别人相处，不善于关心和帮助他人，以至于得不到别人的关心和帮助，从而越来越孤独。

另外，一些孩子可能是遭受了重大打击，或是遭遇挫折和失败，比如学习上考试失利，家庭上父母离异等等。这样的孩子心理受到很大创伤，精神上压抑，一时难以恢复，对周围环境逐渐变得敏感和不可接受，从而逐渐形成了孤僻的性格。

自我封闭心理实质上是一种心理防御机制。由于个人在生活及成长过程中可能常常遇到一些挫折引起的个人焦虑。有些青少年抗挫折的能力较差，使得焦虑越积越多，他们只能以自我封闭的方式来回避环境以降低挫折感。另外，自我封闭心理与人格发展的某些偏差有因果关系。

父母是孩子第一任老师，而老师又是学生的领路人和心目中的权威。因此，父母与教师对孩子的评价都会对孩子产生巨大的影响，特别是贬抑性的评价：如"太笨""脑瓜不开窍""饭桶""蠢驴"等，都可能严重挫伤孩子的自尊心，使他（她）产生自卑感。自卑感是产生自我封闭心理的根源，而且很容易在青少年时代埋藏下祸根。一旦这种自卑感蔓延、扩散，就会产生错误的心理定势，引发出人际关系障碍和许多行为上的困扰，妨碍学习、生活和人际交往这些活动的正常进行。这种病态心理如果不能及时而正确地治疗，可能会危害终身。

总之，青少年的自我封闭往往是事出有因的，或受家庭环境影响，或受过刺激、伤害，或身患疾病等。所以，家长应该帮助孩子改变生活习惯，多鼓励孩子主动去跟他人聊天，主动和他人玩游戏。和其他人接触得多了，孩子逐步乐于与人交往，自然就打开了心扉。

【给爸妈的话】

自我封闭会给人的身体、个性、心理、社会活动等带来很多不利的影响，家长应努力帮助孩子摆脱孤独带来的痛苦，帮助孩子健康、快乐地成长。家长们可以按照以下几点建议进行引导：

（1）给孩子提供良好的家庭环境

良好的家庭氛围是孩子身心健康的重要因素，所以父母应该尽量避免在孩子面前争吵，不要太溺爱孩子，要给孩子鼓励和支持。当父母给孩子创造出一个和睦、祥和、宽容的家庭时，孩子自然就会乐观、自信，就不会变得沉默寡言、闷闷不乐了。

（2）改变内向孤僻的性格

孩子性格内向孤僻，是自我封闭的前兆。因为这样一来，他们与人交往的机会就越来越少，有心思也不愿意和人分享，孤独感就会越来越严重，从而开始自我封闭。所以，父母要改变孩子内向孤僻的性格，试着和那些同自己比较接近的人交往，多和家人交流。

（3）帮助孩子树立自信心

对于青少年来说，自信心是走出自己小圈子，与人交往的前提。所以，父母要多表扬孩子，多让孩子做力所能及的事情，让孩子逐渐变得自信起来。只有孩子有自信心，相信再与人接触时，就会显得行为自然、表现得体，因而获得别人肯定性的评价，得到别人的友谊，逐渐消除自我封闭。

（4）为孩子树立良好的榜样

父母是孩子的第一任老师，如果父母积极乐观，懂得关心、体贴他人，孩子与他人相处就会表现得慷慨大方；如果父母自私、冷漠、不关心他人，那么孩子也会在人际交往中表现出这样的性格。所以，父母要为孩子的人际交往树立良好的榜样。

（5）让孩子多关心别人，培养孩子的爱心

要知道，爱别人，关心别人，是良好的人际交往的前提，所以，培养孩子的爱心，引导孩子关心别人、爱护别人，那么孩子就会受到别人的欢迎，赢得别人的欣赏，从而获得更多的朋友，远离孤独和自闭。

（6）鼓励孩子参加群体活动

父母要多鼓励孩子参加集体活动，通过各种渠道促进孩子与别人交往，尤其是让孤独的孩子与性格开朗的孩子结伴是非常有帮助的。最初可以多带孩子参加一些文化娱乐活动或者家庭聚会，接下来让孩子多参加班级和学校的活动，合唱表演、运动会等等，这些都有利于孩子走出自闭，越来越乐观。

2.人前胆怯，孩子将来如何适合社会

胆怯是许多青少年在交往过程中都会产生的情绪状态，只是程度不同而已。但是，如果孩子过于胆小，连和其他人说话都不

敢，那么家长就应该注意了，这很可能导致孩子自卑、怯懦，甚至是性格孤僻，对于孩子的成长有很大危害。

冰冰很小的时候，一直和姥姥生活，直到上学的年龄才回到父母身边。由于环境的影响，再加上姥姥的教育方式不当，所以她非常内向胆小，说话时经常脸红。在学校，她不爱回答老师的问题，很少和同学们交流谈论。尽管冰冰已经十几岁了，可还是没有多少改变，一直唯唯诺诺的。

父母看到孩子这样非常着急，于是时常督促她多交朋友，责怪她不应该这么胆小。然而这让孩子的心理压力越来越大，致使她很自卑、怕见人，见人又不知说点什么好。直到上中学，她的社交能力都很差。

看着冰冰的同龄人都能言善语，积极乐观，交友广泛，而冰冰却沉默寡言、独来独往，父母真是着急不已。

青少年时期是朝气蓬勃的，活泼好动、生龙活虎就是他们的特征。但是，也有像冰冰这样内向胆小的，他们平时沉默寡言，害怕与同学交往，说话声音低微，脸红、心慌，腼腆，甚至根本无法融入集体之中。

造成青少年胆小怯懦性格的原因是多方面的，主要是家庭环境与教育的影响。比如，有些家长对孩子的保护过多过细，怕磕着、怕摔着、怕有任何不如意，总把孩子带在身边，形影不离，使孩子形成一种强烈的依赖心理和被保护意识。当孩子逐渐长大时，保护的惯性照样持续，没能根据孩子的能力发展适当"放飞"，结果是孩子离开大人就害怕，整日战战兢兢。

如果青少年不能正确地认识胆怯并加以改正，这种心理就会发展成社交恐怖症。社交恐怖症患者总是处于焦虑状态。他们害怕自己在别人面前出洋相，害怕被别人观察。与人交往，甚至在公共场所出现对他们来说都是一件极其恐怖的事情。

青少年一旦患上社交恐惧症，就不敢和同学、老师或任何人进行争论，捍卫自己的权利；害怕自己成为别人注意的中心，害怕被介绍给陌生人，甚至害怕在公共场所进餐、喝饮料；一旦进入公共场所就感到不自在和恐惧，觉得周围每个人都在看着你，观察你的每个小动作，从而无所适从，极度想要逃离。

如果患了特殊社交恐怖症，会对某些特殊的情境或场合恐惧。比如，害怕当众发言，当众表演等。

所以，父母不要以为孩子内向胆小没有什么大不了的，而是应该多让孩子锻炼自己，树立起自信心，帮助孩子走出胆怯和自卑。

胆怯，作为一种心理现象，每个人都有不同程度的存在，而青少年表现得更为明显和普遍。有的青少年因胆怯而自卑，并走向自我封闭，影响了自己正常的学习与生活。

那么，父母对胆怯的青少年应该如何帮助教育呢？

（1）正确认识胆怯，并帮助孩子树立自信心

胆怯是可以改变的，父母应该尽早树立孩子的自信心，多鼓励和表扬孩子，让孩子多和同学交往。

培养孩子的自信，可以从家庭开始，父母在和孩子交谈的时候，让孩子看着自己的眼睛，让孩子顺其自然地表现自己。然后再让孩子从熟悉的亲人、朋友开始，再到陌生人，慢慢地，孩子的自信心就会建立起来，走出胆怯。

（2）培养孩子的独立性和坚强的毅力

平时生活中，家长要处处注意培养孩子的独立性、坚强的毅力，鼓励孩子去做力所能及的事情，让孩子学会自己照顾自己。当孩子遇到困难时，家长不要直接帮助孩子解决好，而是应该帮

助孩子找到问题的根源和解决办法，并且尽量自己动手解决。

但是，父母也不能一味地不问不管，这样反而会孩子不知所措，越来越胆小。

（3）端正教育态度，不要太溺爱孩子

青少年已经有了自主性，所以父母应该端正自己的教育态度，不要再溺爱、娇宠孩子。只有让孩子尽早独立，才能使他越来越自信坚强，从而更有信心进行人际交往。

（4）鼓励孩子多参加集体活动，多在公共场合说话

胆怯的青少年对于集体活动或是公共场合有一定的恐惧，这时候，父母可以多鼓励孩子到各种集体场合或是公共场合去。即便开始不说话，也可以感受这些环境中的氛围，逐渐减轻自己的紧张和恐惧。慢慢地，父母可以鼓励孩子参加集体活动，或是在公共场合说话，让自己克服对这些场合的恐惧。

比如，父母可以先让孩子在家庭成员面前讲话，或是讲故事，或是唱歌；然后再班级上锻炼自己，先尝试上课向老师提问，或是回答问题，或是参加同学们的讨论；再参加班级的演讲、竞选等等。

3.学会保护自己，不做不要做忍气吞声的受气包

很多青少年在遇到委屈时，只是自己承受，甚至受了欺负也不敢反抗，父母真是又着急又心疼，抱怨自己的孩子为什么是个"受气包"！

芳芳很乖巧，上学之后学习成绩非常优秀，父母感到非常高兴。可是，父母发现孩子的性格却越来越怯懦，在学校受了欺负也不敢出声，和别人发生矛盾时只是一味地退让。

前段时间，妈妈出差给她买了一个漂亮的文具盒，芳芳非常喜欢。可是，没几天，妈妈就发现文具盒坏了，问原因她才支支吾吾地说，大家都觉得她的文具盒漂亮，抢着想看看。其中一个同学没注意就摔到地上了，结果弄坏了。芳芳当时也没敢说什么，只是自己一个人看着自己心爱的文具盒伤心，也不敢告诉妈妈。

妈妈听了生气地说："你怎么这么没出息，自己的东西被弄坏了也不敢出声！最起码别人也应该说对不起吧！"

青少年成为"受气包"的原因是非常复杂的，除了孩子性格怯懦、心理自卑，以及社会交往能力弱等因素，还和家庭教育有很大关系。

如果孩子从小就受到父母的严厉管教，家长不尊重孩子，犯了错误就非打即骂，指责孩子，那么孩子的心理就会承受巨大的压力，变得越来越自卑、怯懦。在家里不敢反抗家长，在外面自然也不敢反抗他人了，成为一个逆来顺受的受气包。

另外，很多家长教育孩子从小要学会包容、忍让，和其他人发生矛盾之后要懂得谦让，不要过分地争论。这样一来，孩子受欺负的时候，或是发生矛盾时候，就会听爸爸妈妈说的话，主动地忍让。这让反而让其他人觉得孩子好欺负，变本加厉地欺负她，从而让孩子变成了只知道忍让的受气包。

其实，很多孩子第一次受到欺负的时候，也会感到愤怒和屈辱，因为每个孩子都有强烈的自尊。但是如果父母总是教育孩子忍让，那么时间长了，孩子的自尊心就会逐渐减弱。即便受了欺负也会习以为然，没有屈辱感。没有屈辱感就没有了反抗意识，对他人的欺负就很麻木、不在意。

所以说，孩子成为受气包的时间长了，就会变得越来越软弱，而他的软弱反而会刺激其他孩子一而再再而三的侵略性。而孩子则会慢慢地变得习以为然，甚至麻木，失去了自尊心，这对于孩子的心理健康和全面发展有很大的影响，还会影响其人际交往。

家长们应该给予孩子帮助和引导，教会孩子保护自己，不要做忍气吞声的受气包。

【给爸妈的话】

如果孩子只是偶尔受欺负，家长可以不必理会，让孩子自己去解决问题，因为青少年之间的冲突总是不可不免的。但是孩子如果时常受欺负，却不敢反抗，那么父母就应该多加关注了。

（1）给予孩子正确的教育，不要对孩子太严厉

很多父母容易走极端，为了避免溺爱孩子就对孩子严加管教，使孩子失去了自主自由，这会让孩子变得越来越胆小、怯懦。所以父母应该改变自己的教育方式，不要非打即骂，更不要伤害孩子的自尊，以免让孩子成为家里的受气包。

另外，家长千万不要灌输给孩子一味忍让的观点，否则只会教坏孩子。

（2）教孩子学会自我保护

有些孩子性格内向，不会保护自己，一旦和别人发生了冲突就不知所措。家长可以交给孩子应付冲突的经验和技能，敢于表

达自己的观点，敢于大声说话等等。父母也可以让孩子求助老师，让老师帮助解决问题。

（3）洞察孩子心理，给孩子更多理解，唤醒孩子的自尊心

很多长期受欺负的孩子，已经变得麻木、冷漠，甚至失去了自尊心。父母想要孩子摆脱这种状态，就应该及时洞察孩子的心理，多给孩子鼓励和支持，唤醒孩子的自尊心，让孩子变得越来越自信、自强。比如，父母可以多让孩子看勇敢的故事，带孩子做一些冒险的游戏等等。

（4）不要让孩子记仇

虽然孩子不能一味地忍让，但是也不能学会记仇，肆意报复发生矛盾的人。一旦孩子心中埋下仇恨的种子，就会变得心灵扭曲，越来越冷漠、绝情。

所以，父母要正确引导孩子，尽量凭借自己的力量保护自己，对来自外界的欺负予以回击是必要的，但是也要学会原谅和宽容。

4.懂得换位思考，孩子才能有情有爱

很多青少年自我意识非常强烈，凡事以我为尊，从自己的角度

出发。他们一方面渴望得到别人的理解，但同时又很少主动地去理解别人，总是立足于自我的立场，考虑更多的是自己的利益和需要，却总是很少关心他人的需要，更别说是从别人的立场来看问题了。这样一来，人际交往的过程中自然就会产生矛盾和冲突了。

上完晚自习回到宿舍里，李强给家里打电话，和爸爸聊起来天来。可是，其他人也想打电话，便催促他快点说，因为还有半个小时就熄灯了。可李强好像并不着急，在电话里谈得很起劲，好像忘了周围有人等着打电话。同学们等了很长时间他才挂了电话，可是第二个同学没说几分钟，宿舍的灯就熄灭了。于是，大家都非常不满地指责李强："我们都让你快点儿了，可是你还不紧不慢的，就你想打电话啊，我们每个人都想打，你为什么不能体谅别人呢？"

这时候，李强却不服气地说："我有很多话要说，谁让你们不第一个拿到电话……"这下，几个人争吵起来惊动了老师，结果都受到了批评。

很显然，李强只是从自己的立场考虑问题，他的心里只考虑到自己的需要，而没有为别人考虑，这是非常自私的体现。如果他能够换位思考，从别人的角度上思考问题，想着给别人留出时间，那么矛盾就不会发生了。

青少年应该学会换位思考，不只是站在自己的角度去看待或衡量别人，还要积极地换位思考。其实，换位思考是人与人之间的心理体验过程，其实质就是设身处地为他人着想，即想人所想，理解至上。从客观条件上来说，它要求我们将自己的内心世界，如情感体验、思维方式等与对方的思想联系起来，就是站在对方的立场上体验和思考问题，因此，与对方在情感上得到沟通，为彼此间的友谊奠定基础。

所以，父母应该让青少年明白换位思考的意义，让孩子养成多为他人着想的好习惯。这样不仅可以使孩子建立良好的人际关系，还可以培养孩子宽容、友爱的良好品质。

【给爸妈的话】

青少年在学习和生活中理应学会换位思考，用一颗包容的心，站在他人的立场上去考虑问题。

那么，父母应该如何引导和教育孩子呢？

（1）尊重别人，理解别人

青少年自私，不为别人着急，最根本的原因是缺少对别人的尊重。因为不尊重别人，所以不在乎别人的看法和感受，就别说站在别人的角度着想了。所以，父母应该教育孩子学会尊重别人，理解别人，这样就不会事事从自己的角度出发了。

（2）让孩子有一颗友爱、包容的心

青少年渴望得到别人的关爱和支持，可是由于心智不成熟，所以很少关爱和体贴别人。再加上很多孩子在父母的宠爱下成长起来，就更不懂得包容、友爱了。所以，父母要时常教育孩子，关心其他人，包容家人和同学，当孩子有一颗友爱、包容的心时，自然就懂得换位思考了。

（3）让孩子学会在交往中学会换位思考

任何两个人的想法、意见、看待事情的态度都会有所不同，这就是影响人际关系的障碍。当你的朋友和家长因某事让你生气时，请不妨先站在他的角度换位思考一下，我想什么样的怨气都可能烟消云散了。让你的孩子在处理人际关系时尝试着换位思考，站在对方角度思考问题，你的孩子会多交很多的朋友。

5.疑心生暗鬼，别让孩子在猜忌中越来越不明智

著名的哲学家培根曾说过："猜疑之心犹如蝙蝠，它总是在

黑暗中起飞。这种心情是害人的，又是乱人心智的。它能使人陷入迷惘，混淆敌友，从而破坏人的事业。"

春节时，新新拿到了爷爷奶奶给的压岁钱，还没到家就迫不及待地打开红包。然后一张一张地仔细辨认，还大声说："这钱是真的还是假的？"父母以为孩子是在开玩笑，就没有太在意。

一天，一家人到亲戚家做客，这家孩子学习非常优秀，墙上挂满了奖状。正当大人们都在高兴地谈论时，新新却不屑地冒出一句：你看这些奖状连个图章都没盖，会不会是假的？这时所有人都安静了，妈妈尴尬地大声批评道："你这孩子怎么胡说八道？这都是人家得的，怎么可能是假的？"而新新则无辜地说："我只是问问！"

之后，妈妈觉得孩子越来越多疑了，别人说话声音小时，她总是侧耳倾听，好像想要探听什么。一次妈妈和爸爸在说什么事情，等新新回来的时候正好说完，于是爸爸就去厨房了。谁知新新突然生气地说："你们在说什么？看见我来就不说了，肯定是说我的坏话！"她在学校也是如此，总是怀疑别人乘机说她坏话，怀疑老师偏心某某同学，对自己不满……

妈妈不禁发出疑问：孩子怎么这么多疑了？是不是心理上出

了毛病？

新新的行为是典型的多疑的表现。据心理学研究表明，多疑可以是自我怀疑，也可以是怀疑周围的人，这种不良的心理会严重影响青少年正常的生活和学习。严重的时候，还可能导致偏执性格障碍。

所以说，具有多疑心态的青少年往往会固执己见，他们通过自身的"想象"把生活中无关紧要的事情凑在一起，把别人无意间的言行举止，误认为是对自己怀有敌意或迫害的心理，在没有足够的证据时就怀疑别人欺骗自己，甚至把别人的好心好意理解为阴谋诡计。于是，导致在人际交往中自筑鸿沟，最终反目成仇。

自卑是青少年多疑心理产生的重要原因，有些青少年由于性格内向，不善于交往，缺乏自我意识，总是认为自己赶不上别人，常常感觉别人看不起自己，怀疑别人在背后议论自己的缺点，久而久之会变得更加不自信，多疑的不良心理也就随之而来。比如，如果一个孩子心理极度自卑，当别人小声讨论某些事情的时候，他也会臆想出别人是说自己的坏话，说自己的缺点。

同时，如果某些青少年曾经受过别人的欺骗，或是遭遇巨大的挫折和失败，那么内心也会变得异常敏感，缺乏安全感，不敢相信任何人。没有信任做基础，加上内心敏感，所以这样的孩子很容易形成多疑的性格。

最后是家庭教育和所处环境的问题，这也是产生多疑心理的原因之一。如果青少年父母管教非常严厉，孩子承受的心理压力过大，或是很少与其他人接触，那么就会对外界产生恐惧，从而产生更多的不信任和戒备心理。

多疑心理可能导致偏执性格障碍，对孩子心理和性格的发展具有很多危害，所以，家长应当在平时多多注意孩子的一举一动，对孩子的心理走向做到心中有数，不要让多疑的情绪破坏了孩子的心理健康。

【给爸妈的话】

没人愿意与一个疑神疑鬼的家伙交往，因此，对于青少年来说，有一个良好的人际关系，对于孩子成长是非常有帮助的。所以，父母应该帮助孩子消除多疑心理，做一个心胸开阔的人。

作为家长我们应该做到：

（1）让孩子正确看待自己的优缺点

多疑常常表现为因为孩子过多地注意自己的缺点，由自己看不起自己演变成怀疑别人看不起自己。因此，家长要分散孩子的注意力，不要让孩子总是把注意力停留在自己的不足之处上，要让他们正确地看待自己的优点和缺点。

这个世界上没有完美的人，家长要做的就是帮孩子发扬长处，弥补短处，让孩子成为一个真正优秀的人。

（2）帮助孩子树立自信心

自卑是孩子多疑心理产生的重要因素，所以，父母应该时常鼓励孩子，让孩子充分相信自己的能力，建立起良好的自信心。慢慢地，孩子消除了自卑心理，就不会胡思乱想了，就不会多疑了。

（3）加强孩子自身修养，端正人生态度

一旦孩子产生了多疑心理，父母就应该重视起来，加强孩子的自身修养，端正人生态度。比如可以让孩子多看一些健康向上的书籍，多听一些轻快的音乐，多参加体育运动。同时，父母应该让孩子认识到多疑心理的危害及可能产生的不良后果，慢慢地引导孩子。

（4）让孩子多与他人交往，培养对他人的信任感

多疑的孩子对别人和周围环境存在着强烈的不信任感，所以

父母应该多鼓励孩子与他人交朋友，真诚地与他人交流，用宽阔的胸怀、友善的态度与别人交往。朋友多起来了，猜疑心也就没有其存在的土壤了。

6.友谊不是迁就，别让孩子委屈自己

青少年之间的友谊是非常珍贵的，可以在学习上互相帮助，在生活上互相关心，在情感上互相倾述。真正的友谊以相互信任和相互负责为前提，不仅能在快乐时光里相娱相乐，更能在危难的日子里相扶相持。

但是，如果不懂得拒绝朋友不合理的要求，不知道如何纠正朋友的不良行为，迫使自己去做不愿意做或者是做不到的事情，不仅会让自己的心理受到打击，更会害了朋友。

其实，真正的朋友并不是迎合，也不是自己委曲求全。对于朋友不合理的要求，要大胆说"不"，千万不要勉强自己，友情不可靠迁就。

小云和小丽从小就是非常好的朋友，一起上学放学，形影不离，升入中学后又到了一个班，关系更是亲密了。

可是，这段时间小云却有点为难，不知道该处理两人之间的

关系。原来小丽最近经常以补课为由出去玩，还再三叮嘱小云不要告诉任何人。为了保住友谊，她甚至不敢把小丽在学校的一些不良品行告诉她的妈妈，只能自己时常劝着点，可小丽嘴上答应得好好的，实际上却我行我素。

一天放学的路上，小丽对小云说："明天下午第二节课是体育，上体育课是最没劲的了，咱俩翘课怎么样呀？你陪我去买那天我看上的那双球鞋吧！"小云说："你最近上课不认真，时常补课的时候出去玩，这下怎么还逃学了！这可不行，你不能这样了！"

谁知小丽非常生气地说："还是不是朋友了？这么点小事都办不到。"小云只好胆怯地答应了。

事实上，青少年一味地迁就朋友，是由很多原因造成的。其中最重要的就是害怕失去朋友，害怕孤独。很多青少年迫切地需要别人的陪伴，需要朋友，所以他们平时跟伙伴或者是朋友说话都是很小心的，不敢拒绝朋友的要求。他们害怕自己一旦拒绝了朋友，就会失去了朋友，就会面对孤独和寂寞。有一些青少年并不是不想拒绝别人，而是缺乏拒绝别人的技巧，觉得直接说"不"会伤害到别人的自尊，也怕危及自己与同学之间的关系，因此就只好自己忍着了。

另外，青少年都有极强的自尊心，爱面子，平时经常为了顾及自己的面子做出一些违心的事情。比如，朋友怂恿逃课，明明自己不敢逃课，但为了证明自己和朋友有多"铁"，为了保住自己的面子，而勉强地参与到逃课的队伍之中。再加上一些青少年错误地认识了友谊，他们单纯地认为友谊就是为朋友两肋插刀，在所不辞，他们认为没有办好朋友交代的事情，就是不讲"哥们义气"，就会在同学面前抬不起头。在这种错误认识的影响下，即便朋友做错了事情，闯了祸，一些青少年也会一味地迁就，甚至是包庇。

当然，还有些青少年胆小怕事，顾虑重重，生怕惹哪位朋友或同学不高兴，即使对别人提的要求明明心里不同意，也说不出口。

所以，父母应该告诉孩子，真正的好朋友不仅仅是讲"义气"，更要互相帮助，取长补短，共同进步。青少年不仅要接受朋友的建议，更要大胆地提出的建议，尤其是朋友犯错的时候，更应该提出意见，不要为了所谓的"义气"而一味地迁就、服从。

【给爸妈的话】

青少年要知道，迁就的友情不是真正的友情，而且会让自己很累。那么青少年要怎样去面对朋友的不合理要求呢？

（1）婉言拒绝朋友的不合理要求

拒绝别人也是一门艺术，当你拒绝朋友的不合理要求时，应该用最委婉、最温和、最坦诚的语气向对方解释。这样不仅可以阐述自己的观点，还可以保住朋友的面子。如果不注意说话的语气，生硬冷淡地拒绝，只能伤害朋友并有可能失去朋友。

当然，如果是真正的朋友，他也会理解你，并接受你的意见。

（2）找恰当的借口来拒绝

虽然找借口来谢绝对方是不礼貌的，但是这未尝不是一个恰当的办法。在很多情况下，找一个恰当的理由来拒绝对方，这不仅可以解决问题，还可以避免双方尴尬，维护了自己的人际关系。

（3）巧妙地转移话题

每个人都不是万能的，当朋友拜托的事情不能办到时，还要学会巧妙地转移话题，主要是善于利用语气的转折——温和而坚持——绝不会答应，但也不致撕破脸。

（4）当朋友犯错时，要给予及时的劝导

很多青少年看到朋友犯错，为了友谊而不好意思或是不忍心指出来，害怕破坏了彼此的关系。殊不知，这钟想法是错误的，真正的朋友不仅要互相尊重，更要互相指出缺点和错误，否则对方会越来越错。父母应该告诉孩子做诤友，敢于指出朋友的错误。

7.给孩子一双善于发现别人有点的眼睛

宋代诗人卢梅坡有一首很著名的诗："梅雪争春不肯降，驿人搁笔莫评章。梅须逊雪三分白，雪却输梅一段香。"

诗中的梅和雪形成鲜明的对比，梅和雪都是只看到自己的优点，而看不到对方的优点，以至于一味地孤芳自赏，自视高人一等。梅和雪，哪一个更好呢?其实它们各有所长。

"你怎么最近老去姥姥家呀？妈妈好奇地问正在梳头发的小静。"

"当然爱去了，我得给姥姥跳舞去，姥姥可爱看我跳舞呢!"

可是，晚上下班的时候，妈妈就看见小蕾一脸委屈地坐在沙发上，谁也不愿意搭理。妈妈耐心地问道："怎么不高兴了。"

小蕾生气地说："都怪表妹，什么都不会。我废了半天劲教她舞蹈，想跳给姥姥看，可是她总是学不会，最后也没有跳成。她真是太笨了！"

妈妈一听孩子的抱怨，赶紧说："怎么可以这么说表妹呢？虽然她跳不好舞，但是其他方面也不错啊！前段时间，她参加市里的书画比赛，还拿了奖状呢！"

这下小蕾更生气了，"那算什么，我舞蹈还拿过奖呢，这次期末考试还考了前十名呢，还有她有我长得好看吗？反正我就是比她强，她就是太笨了！"

妈妈还想说些什么，可是见小蕾生气地回屋了，就没有再继续。

每个人都有自己的优势和劣势，可是小蕾却只看到了自己的优点和别人的缺点，看不到别人的优点，认为自己是最棒的，别人总是不如自己。这是典型的自负和唯我独尊心理。事实上，生活中有很多青少年和小蕾一样，一味地孤芳自赏，自视高人一等，结果形成了骄傲自满、目中无人的性格。

这是因为现在很多孩子都是独生子女，平时受到了家长的过分宠爱，以自我为中心，结果才形成了一种唯我独尊的心理。这样的孩子有强烈的表现自我的欲望，做什么都要超过别人，一旦别人做得比自己好就承受不了，以贬低别人来凸显自己。不管是在学习中，还是在生活中，他们都看不到别人的优点，或者是即便看到别人的优点也不愿意承认，所以导致人际交往的不畅甚至造成同学之间的矛盾。

不仅如此，这样的孩子时常有一种高高在上的感觉，时常看不起不如自己的同学，时常嘲笑别人，别人一旦犯些小错误，他就会认为这种错误是这个同学的全部。实际上，这种心理就是对自己认识不够，不敢正视自我和别人而造成的。

如果青少年有这样的表现，家长们一定要给予重视，让孩子正视自己，发现自己的缺点和不足，看到别人的优点和长处。这样才能让孩子变得越来越优秀，避免滋生自负、自我的心理。

【给爸妈的话】

"三人行，必有我师"，即便是"孔圣人"也懂得学习别人的长出来提高自己。看人要看对方的长处，只有认识到自己尚有不足之处，才能虚心向他人学习，从而不断取得进步。

（1）让孩子真正地认识自己，正视自己的优点和不足

如果一个人不能正确地认识自我，只看到自己的优点，看不

到自己的缺点，那么内心就会越来越自负、自我，就更别谈看到别人的优点了。所以，父母想要让孩子发现别人的优点，首先就应该让孩子正视自己，只有正确地认识自己，才能正确地看待别人。

(2) 让孩子努力发现他人的可爱之处

每个人都有自己的优点和长处，如果孩子看到别人的优点不是欣赏、赞扬，而是挑刺、贬低，那么就大错特错了。这不仅是自私、自我的表现，更是嫉妒心强的表现。所以，家长应该正确地引导孩子，让孩子努力发现别人的可爱之处，积极学习别人身上的长处，并不断地提高自己。

(3) 多接触，多了解

当青少年不喜欢一个人的时候，很可能就是在他身上看到自己不愿意面对的缺点。唯有心怀感恩地面对，并且透过自我反省及学习，才能在这个经验中成长。多认识，多接触，多了解，才可以缩短陌生的距离，

8.遭遇了朋友的"背叛"，也要学会坦然面对

青春期的孩子最渴望和朋友交往，随着独立意识越来越强

烈，孩子们向往走出家庭和父母的保护，向往和同龄人进行交往。在这个时候，他们会更注重朋友之间的关系，有心里话更愿意和朋友说，同伴在青少年心中的位置也逐渐变得更加重要。

我们经常看到，校园内女生们三五成群，一起做功课、一起玩耍，甚至是去卫生间也要相约而行。男生们则一起打篮球，一起做运动，甚至一起搞恶作剧、做些小坏事。

随着青少年和朋友的交往，促进了青少年社会化的发展，让他们在与同伴交往的过程中学到了很多交际技巧和社会知识，但是另一方面，也增加了很多烦恼。尤其是女孩子的烦恼或许更多些。

李婷和王丽都是初中三年级的学生，两人非常要好，平时一起学习、放学、假期一起做功课、看电影、游戏，可以说是无话不谈，亲密无间。可是，前不久两人闹了一点小矛盾，让友情产生了一次不小的危机。李婷觉得两人彼此冷静一段时间，之后说清楚就可以恢复正常了。但是，令她没有想到的时候，王丽很快和班级上另一个同学走到一起，还把两人之间的秘密、曾经分享的心事都散布了出去。

李婷非常伤心郁闷，自己把王丽当成是最好的朋友，就算彼此有矛盾，她怎么可以这么快就背叛自己？还把两人之间的秘密告诉给别人？难道她真的一点都不珍惜曾经的情谊？即便是两人不再是朋友，但是往日的情谊还在啊，为什么这么快就背叛了呢？

李婷的心情非常低落，想着曾经和朋友在一起的快乐时光，又想想现在这个情况，开始有些怀疑友情，怀疑是不是自己真的出了问题？是不是自己不善于处理朋友之间的关系，才把事情搞得这么糟？经过这件事情，李婷开始不敢和别人交朋友，即便是交朋友也不敢坦诚相待，说出自己的心事；可是越有防备心理，就越找到真诚的朋友，就越怀疑友情。现在李婷非常矛盾，也非常疑惑，不知道该怎么办。

青春期的孩子都非常在意人际关系，其实这种现象从孩子一出生就显现出来了。当他们还非常小的时候，就渴望获得爸爸妈妈、家人、周围朋友的关注，希望博得他人的喜欢，希望处于某种稳定而融洽的关系之中。如果遇到父母吵架、家庭发生矛盾，或是被小朋友孤立的时候，他们就会感到心情低落，甚至会大哭大闹。到了青春期，随着年纪的增长，孩子们有了独立的思想，但是他们依然渴望某种稳定而又温馨的关系。只是，他们关注的重点不再是父母家庭，更多的是朋友之间的关系。

　　青少年渴望参加到社交之中，与同伴交往的需求增强，渴望交更多的朋友，喜欢和朋友们相处。由于学习和父母的压力，他们不愿意和父母交流，而是习惯把自己内心的压力、孤独、寂寞、紧张等感觉说给朋友们，他们渴望得到朋友的理解和支持。正是因为如此，我们会发现孩子们，尤其是女生之间都爱分享内心的小秘密，比如喜欢谁，比如犯了个小错误，比如对某个人有意见等等。

　　但是孩子们的内心是敏感、脆弱的，尤其是女孩子心思还非常细腻，所以，当他们和朋友发生矛盾时，就会引起巨大的情绪波动，就会胡思乱想。如果家长们没有及时给予正确的引导，或是教会孩子处理朋友之间的矛盾、冲突，那么孩子就会无法控制自己的情绪，就会增加心理压力，甚至是怀疑自己。比如事例中的李婷因为和朋友发生了矛盾，导致彼此关系疏远恶化，当朋友"背叛"她的时候，她就会开始怀疑友谊，怀疑自己，甚至是不敢再真诚地与人相交。如果父母不给予及时的引导，那么李婷很可能在之后的人际交往中存在很大障碍，甚至变得自卑、多疑。

　　另外，青少年渴望友情，又惧怕被同伴排斥，害怕被集体拒绝，所以他们会小心翼翼地维护自己在意的朋友。如果朋友关系出现了问题，那么他们就会被负面情绪困扰。而家长不帮住孩子将这种情绪释放出来的话，孩子就无法保持内心的平衡，就可能造成心理上的问题。

【给爸妈的话】

朋友是青少年人际关系中最重要的一部分，这段时期的朋友，很大一部分来自她们的同龄人，他们将成为孩子未来社会人际关系中最亲密的人群。而这段时期，如果孩子不能处理好和朋友之间的矛盾，坦然地面对朋友，那么将来很可能产生社交障碍，还有可能影响孩子心理的健康成长。

那么，父母应该如何引导孩子们处理与朋友之间的关系呢？

（1）关心朋友，对朋友真诚以待

在和朋友交往的过程中，父母要教育孩子多关心帮助，不要对朋友冷漠；要真诚地对待朋友，不要带有功利性地交朋友；如果朋友有困难，要及时伸出援助之手；朋友向你倾诉委屈的时候，要耐心倾听，给予朋友理解、支持和鼓励。父母要让孩子知道，只有真诚地和朋友交往，才能获得真正的友谊。

（2）把握住交朋友的尺度，可以互相倾述，但不要讨论是非

父母要教育孩子把握住交朋友的尺度，和朋友分享彼此的兴趣爱好、对一些事情的看法、和家人的关系、自己有什么烦恼秘密，等等。这样可以增进彼此的感情，也可以适当地表达自己，释放自己内心的情感和情绪，有利于孩子的心理健康。

但是最好不要和朋友讨论是非，不要说别人的坏话，也不要和朋友分对错、争高低。这样一来，朋友之间就会容易发生矛盾，容易产生裂痕。

（3）学会保守朋友的秘密

青少年之间难念会聊一些秘密的话题，这些话题可能会涉及两个人本身，也可能涉及第三个人。这时候，父母要教育孩子保守朋友之间的秘密，不能把朋友间谈论的话题讲给其他的人听。如果这个秘密涉及到朋友，那么就会让对方感到"背叛"，伤害彼此之间的感情；如果这个秘密涉及到了其他人，那么就会造成更坏的影响，觉得孩子是搬弄是非的人，更容易激发三人之间的矛盾。

同时，家长也要告诉孩子，尽量不要把私密的事情说给对方听，如果对方不能饱受秘密，那么自己的隐私就会成为别人的谈

资，不仅伤害了友情，更伤害了自己。

(4) 父母要引导孩子正确处理朋友之间的矛盾

青少年一般比较情绪化、敏感，朋友之间难免发生各种矛盾。这时候，父母要给予孩子正确的引导，教会孩子如何处理矛盾，教会孩子包容、谅解。如果孩子遭到了朋友的"背叛"，父母要及时给予孩子疏导，安慰鼓励孩子，让他们走出牛角尖。

第4章　点燃一盏心灯

——培养孩子价值观,比给孩子报学习班更重要

有正确价值观的孩子往往具有很高的自评能力，也能很好的抵抗排斥力。教导孩子的价值观是一件具有挑战性、有难度，但是却很值得一做的事情。怎样培养孩子的价值观?培养孩子的价值观，体现在日常生活中的方方面面，孩子需要引导，需要您的帮助，相信我们的努力和耐心一定会有所回报，孩子也一定会独立正确地面对遇到的一切问题。

1.孩子总想一夜成名,爸妈不妨泼点冷水

金铭、关凌、蒋小涵……在昔日的娱乐圈中，一个个曾经炫目的童星，给我们留下了深刻的印象。其实，在我们的身边也有着这么一群孩子，由于媒体非理性的炒作，由于家长的盲目引

导，他们游走在舞台的边缘，渴望有朝一日能成为明星，享受众人的掌声——这是一群做着明星梦的孩子。

正在上初二的小美长得非常漂亮，身材也很好，小时候还拍过服装广告。现在看着一位位童星都成为了大明星，她时常惋惜地说："要是我当时继续拍广告，恐怕早就出名了。"

不久，小美听说三亚举办模特大赛，自己的城市也正在海选，便有些跃跃欲试，梦想着能成为一名超模。她想：我拍过广告，身材也非常棒，肯定会脱颖而出的。可是这个想法遭到了父母的强烈反对："你现在的任务是学习，不要做明星梦!"

小美反驳说："我不想学习，我要做超模! 我要像马艳丽、谢东娜那样成名，这是我的梦想!"

看到小美这样沉迷成名，根本没心思学习，父母感到无奈且担忧。

目前，各种选秀活动大行其道，青少年类综艺节目也是红红火火，所以正值花样年华的青少年们在追星的同时，也做起了明星梦，梦想一夜成名，像其他人一样成为万众瞩目的明星。为什么青少年这么喜欢做明星梦？

其实，这和青少年的浮躁心理是分不开的。

现在这个社会变得越来越浮躁，从而导致每个人都滋生了浮躁心理，青少年也不例外。青少年渴望实现自己的梦想，喜欢设计未来、幻想未来，但是往往心比天高，不能脚踏实地。对家长和老师的管教常常有抵触情绪，经常在白日梦中补偿自己成功的心理需求，正是这样的浮躁心理使少数的成功特例成为他们为之追捧的成功榜样。

另外，家长们的急于求成和强烈的功利心也是重要原因。"一夜成名"的诱惑总是让许多家长急于求成，希望孩子能够尽快地成功。看到童星和选秀明星一个个火起来，于是，许多大人便急忙给孩子报艺术班，学舞蹈、唱歌等等，强迫自己的孩子去干不喜欢、不适合的事情，甚至把强迫变成一种"赌博"。在家长的教育和影响下，孩子们也梦想一夜成名，梦想着通过各种选秀，各种所谓的才艺比赛才成为明星。

音乐舞蹈都是艺术，可以陶冶情操，但是，这并不是说艺术适合每一个人。在教育的时候，最重要的是根据孩子的特长爱好因材施教，家长不应该盲目地强迫孩子去学习，更不应该企图让孩子走捷径，陷入这种狂热的梦想追逐之中。否则，这种错误的教育方式早晚会害了孩子，让孩子的路越走越远。

【给爸妈的话】

现在很多孩子在追星的同时，自己也在做着同样的明星梦，希望能够一夜成名，过上高收入的明星生活。一些家长的浮躁心理和功利心也在一定程度上助长了这种风气的蔓延。

作为家长，应该反省自己，改善自己的教育方式，更应该正确地引导孩子，让孩子从明星梦中解脱出来。

（1）家长首先要反思自己

日益高涨的"选秀热"，极不理智地助长了家长们的"望子成星"梦。在家长的引导下，渴望成名的孩子也逐渐失去了自我。所以家长们必须反思自己，是否给孩子造成了不良的影响，是否为了尽快让孩子成功而强迫孩子学习那些所谓"有前途"的课程。

一旦存在这种情况，家长一定要及时改善不当的教育方式，给孩子正确的引导和教育。

（2）家长要给孩子把好关，不要让孩子做不切实际的梦

孩子不切实际地做着明星梦，导致荒废学业，甚至误入歧途的例子不在少数。如果孩子有天赋，父母可以引导孩子学习艺术，但是如果孩子只是想要一夜成名，那么父母就应该及时制止孩子，让孩子把心思和精力都集中在学习上，以免误入歧途。

（3）让孩子戒除浮躁心理，学会脚踏实地

孩子梦想着一夜成名，其根本原因是心理浮躁，心比天高，不能脚踏实地地学习。所以，父母要让孩子懂得脚踏实地的道理，只有从小事做起，踏踏实实，才能有所成。

2.从小教孩子摆正学习与赚钱的关系

如今，有一些青少年在工作与学习上，思想认识出现了偏差，他们想早点儿参加工作而不想上学。对于这样的孩子，父母应该帮助孩子认识到学习知识与工作之间的辩证关系，要让他知道没有知识是干不好工作的，也必定没有前途的。

丹丹在市内的一所重点高中读书，成绩也还算不错。可是上到高二的时候，丹丹突然产生了厌学的情绪，没人任何心思学习，看着家境良好的同学穿着名牌，拿着苹果手机，非常羡慕，于是便心生赚钱的念头。

有了这个想法不久，丹丹觉得自己遇到了一个机会，于是瞒着爸爸妈妈离开了学校，找到了一份自认为不错的工作，每月可以有上千元的收入。丹丹就这样背着家里，名义上是去上学，实际上是偷着赚钱。时间一长，学校找到了丹丹的家里面，向丹丹的父母说明了丹丹最近一直没来上学。丹丹的父母得知情况之后十分生气，找到丹丹后把她带回了家，并且臭骂了一通，告诉他必须上学。可是丹丹却说很不服气，她说："读书有什么用，自己早晚还会去找工作。而且现在大学生那么多，也不一定找到好工作!"

丹丹父母希望孩子能够回到学校，却不知道如何让孩子回心转意。

有类似丹丹这样想法的青少年有很多，他们觉得上学没有什么意义，赚钱才是最重要的。况且现在大学生工作那么难找，还不如早点参加工作。可是由于父母和学校的压力，一些孩子没有丹丹辍学的勇气罢了。

现在大学生就业压力确实很大，但是当今社会处在一个知识爆炸的时代，各种知识、技术日新月异，如果没有较高的文化素养和积累，就业压力则更加大。青少年应该认识到，学习不只是一次性的，而且将是终身的，只有不断地提高自己、沉淀自己，才能在之后的竞争中占据优势。

还有些青少年认为，现在想工作就先工作挣钱，有了钱以后，想学习的时候再学习也不晚。显然这种思想是错误的，也是幼稚的。青少年正处于美好的年华，是学习的最佳时期，每个人都应该抓住这一时间好好地学习，踏实地充实自己。否则错过最佳时期，可能会事倍功半，甚至劳而无获。

【给爸妈的话】

青少年不要看到别人条件好就眼红，不要总想着赚钱而忘了学习的重要性。要知道，学习是青少年的历史使命，更是这个时期最重要的任务。父母要从以下几个方面来使孩子改变认识：

（1）让孩子认识到知识对于一个人的重要性

人们常说，知识就是力量，知识是一个人、一个国家、一个民族兴旺发达的最强推动力。没有知识，一个人恐怕很难有美好的前途，更谈不上梦想和目标。而且现在各行各业中的科技含量越来越高，职业对从业者的素质要求也越来越苛刻，一个缺乏文化知识和技术技能的青少年怎么能找到好工作呢？

所以，父母应该让孩子知道知识的重要性，学好科学文化知识，才能面对未来的挑战。

（2）培养孩子长远的眼光，不要为了赚钱而目光短浅

为了赚钱而辍学是目光短浅的表现，父母应该培养孩子的长

远眼光，不要计较一时的利益得失，否则只能被未来所淘汰。今后一些不要太多文化、不需太高学历的工作仍然会有，但是，简单劳动竞争的主要方面是年龄、体力、体质；随着年龄增大，失去年龄优势以后，竞争力会迅速下降，昔日年轻力壮的强者，会变成年老体衰的弱者。

（3）提高孩子的学习兴趣

孩子想要赚钱而忽视学习，很重要的原因是孩子滋生了厌学情绪。所以父母应该想办法让孩子提高学习兴趣，增加学习的积极性。

（4）树立正确的金钱观

有些孩子认为赚钱远比学习要重要得多，知识再好有什么用，也不能当钱花。这是因为他们有了错误的金钱观，认为金钱是万能的，心中只想着金钱，只想着过奢侈的生活。所以，父母要树立孩子正确的金钱观，不要太溺爱孩子，更不要让孩子养成攀比的心理。

3.孩子攀比摆阔，父母需言传身教

现在的孩子大多是独生子女，随着生活水平的提高，家长们

都竭尽所能地为孩子提供最好的生活，对孩子总是有求必应。一些父母甚至为了满足孩子的需求，不惜自己吃苦受累，觉得自己孩子穿的、戴的都不能比别人差，别人的孩子买什么，咱家的孩子也得买，决不能让人家比下。这都极大地造成了独生子女的虚荣心和攀比心理，欲望也无限地膨胀。

心理学家曾经做过一个调查，在被调查的独生子女中有20%存在较强的虚荣心，这种心理往往会导致青少年产生其他心理问题，如嫉妒、自卑、敏感，这些都会阻碍孩子的发展。

今年初二的凯凯是个聪明帅气的男孩，可就是有些爱美，买衣服鞋子不是"阿迪"就是"耐克"，全身上下必须得是名牌。有几次，妈妈给他买了普通牌子的衣服，他随手一扔说："现在谁还穿这样的衣服啊，太寒碜了。"妈妈生气地说："这衣服质量也不错，两百多呢！"凯凯却说："我的同学可都穿名牌呢，就我穿一个没牌子的衣服，怎么好意思跟人家在一起玩。我不穿，人家会笑话我的。"

还有一次，凯凯的同学来家里玩，妈妈听到了两人的聊天，简直大吃一惊。只听同学说："我家有两辆车，我妈妈的是宝马，爸爸的是奥迪。"凯凯一听，吹嘘着说："那有什么啊！我爸爸开的是奔驰，车内又长又宽又豪华，开起来很威风。"

其实，妈妈知道家里的车只是奔驰的普通款，并不是什么豪车，现在的孩子怎么这么爱攀比，爱慕虚荣呢？

很显然，孩子的这种攀比摆阔，是典型的攀比心理，也是青少年之中普遍存在的心理。他们比谁家的房子大，谁家的车子豪华，谁穿的衣服是名牌……如果父母掌握不好其攀比的程度，听之任之，久而久之，就会让孩子陷入物质追求的泥潭，无法自拔。

事实上，这种攀比摆阔的心理和家长的教育有很大关系，因为父母很少培养孩子如何树立正确的价值观，如何对待贫富差距，所以一些家庭不好的孩子看到其他人穿着名牌，就产生了攀比心理。一旦这种心理得不到满足，就会伤害孩子的自尊心，甚至让孩子产生仇富心理，对于以后的发展有很大的不良影响。

另外，独生子女的父母从溺爱孩子出发，总是爱讲孩子的优点，掩盖他们的缺点，甚至在亲朋好友面前经常夸耀自己的孩子，孩子听到的都是赞美的声音，很少有人指出他的缺点，而父母对别人的孩子往往妄加指责。所以，青少年产生了极强的自尊心和好胜心，容忍不了别人超过自己，喜欢和别人攀比，不想服输认输。

虽然绝大多数青少年的攀比心理是正常的心理现象，家长只要积极引导就够了，但是如果孩子的攀比心太重，太爱慕虚荣，那么家长就应该严加注意了。否则，对于青少年的身心发展将有严重不良影响。

【给爸妈的话】

青少年喜欢和别人攀比，实际上是不健康的虚荣心在作祟，父母应该让孩子抛弃虚荣心。

（1）不要一味满足孩子的需求

很多家长因为只有一个孩子，所以对孩子百依百顺，对他的要求是有求必应，哪怕自己过着苦日子，也全力满足孩子。这种做法让孩子不懂得心疼家长，反而拿着家长的辛苦钱和别人攀比，穿好的，吃好的。所以，家长不要一味满足孩子的需求，要树立正确的价值观。

（2）教孩子学会把握攀比尺度

青少年有攀比心理是正常的，要完全摆脱是不现实的。所以父母要教孩子学会掌握攀比的尺度，不要过分地比较，更不要不顾家庭条件。

(3) 帮助孩子制定消费计划

让孩子抛弃攀比心理，父母可以培养孩子理财的能力和理念，比如帮孩子制定一周的开销计划，让孩子学会理性消费。还可以让孩子自己管理零花钱，有计划地支配他的每一分钱。

(4) 让孩子正确认识自己，并且接纳自己

如果家庭条件并不优越，父母就应该让孩子正确认识自己，并接纳自己，不要为了家庭条件一般而自卑、忧伤，也不要因为穿着等外在条件害怕别人看不起。如果孩子能客观地认识自己，即使自己不如他人，或者被人轻视，也能自我调节，那么就不会因为虚荣心和别人攀比了。

4.再富不能富孩子，再穷不能穷教育

很多家长认为，再穷不能穷孩子，于是他们不惜花费大笔金钱，送孩子进最好的学校读书，让他们接受最"贵"的教育，但与此同时却忽略了孩子健全人格的塑造。这样的溺爱，无限制地给孩子物质财富，只会让孩子变得越来越自私，越来越虚荣，成为依赖家长的寄生虫。

妮妮是个 11 岁的小女孩，爸爸是律师，妈妈是一名医生。妮妮家庭条件非常宽裕，但是父母却并不溺爱孩子，也不随意满足孩子的物质需求。

妮妮过生日，父母并没有给孩子准备什么奢侈的礼物，反而只是给了妮妮一半买自行车的钱，告诉她，其余的钱要靠她自己来挣。妮妮并没有因为父母的小气而伤心省心，反而积极地想起挣钱的办法来。

她每天帮父母做家务，扫地、洗碗、洗衣服等等。很快就凑齐了另外半辆自行车的费用。当骑上新的自行车后，妮妮没有懈怠而是继续帮父母干活，因为她发现，自己可以通过劳动赚取更多的零花钱，从而购买一些自己喜欢的东西。

在大多数中国父母看来，妮妮的父母非常小气：自己的宝贝女儿过生日，居然送"半辆自行车"，还让孩子自己赚钱。有些父母非常溺爱孩子，想要孩子过上最好的生活，满足孩子的一切条件，生怕孩子受了委屈。就是过个生日，也大大小小不少礼物，生日蛋糕、洋娃娃，甚至有些还要到高级饭店庆祝。

在许多西方父母眼里，即使再富裕，也要苦孩子，父母财产的多少和孩子是没什么关系的。父母是有钱人，不代表孩子是有钱人，孩子要用钱，同样需要通过劳动来获得。而到了18岁时，就需要出门独自寻求生存之路。

所以，家长们不要一味地给孩子金钱，也不妨学西方父母那样小气些，这样才能培养出担当精神、适应激烈竞争的孩子，这样的孩子性格更独立，心理更健康。

【给爸妈的话】

父母应该对孩子"小气一些"，不要让孩子养成挥霍的坏习惯，要树立孩子正确的价值观。

（1）要让孩子有节俭意识。

现在孩子很少有节俭意识，生活上铺张浪费，花钱大手大脚。所以，即使家庭条件优越，为了更好地培养孩子，父母也应该培养孩子的节俭意识。

（2）鼓励孩子通过劳动赚零花钱。

现在孩子手里有大把的零花钱，看到什么买什么，这样的情况，很容易让孩子挥霍无度。当他的物质欲望一时无法得到满足时，便会对父母心生不满，严重的甚至还会走上犯罪的道路。所以父母给孩子零花钱一定要把握好分寸，并且要鼓励孩子通过劳动来赚取零花钱，让孩子知道金钱的来之不易。

5.撕去虚伪，别让孩子带着面具活着

青少年本来是天真纯洁的年纪，可是生活中我们却发现很多孩子"少年老成"，不仅世俗，而且还非常虚伪。

晓勇今年 16 岁，可是其所表现出的世故与圆滑，令大人们都感到吃惊。

一天，妈妈的两位同事王阿姨和刘阿姨一起来他家玩。王阿姨的爱人是财政局的局长，刘阿姨的爱人只不过是一个普普通通的老师。两个阿姨一进门，晓勇就表现出很大的待客区别，对王阿姨是热情周到，一会儿夸王阿姨身材好，一会儿夸王阿姨长得漂亮，一会儿又夸王阿姨有学识，而在一旁的刘阿姨，晓勇只是在人家进门时问候了一句，接下来是不闻不问。看到晓勇的表现，三个大人都很尴尬，虽然妈妈极力想让气氛好些，积极地和刘阿姨攀谈，但是刘阿姨脸上表现出的不快，还是让妈妈和王阿姨觉得很难为情，所以客人来了不到半个小时，就匆匆离开了。

虚伪，是我们每个人讨厌和排斥的，尤其是青少年的虚伪更让

人觉得可怕。首先，这跟青少年的认知能力有关。一些青少年想要最快地变得成熟起来，像大人那样思考和处理问题。可是他们错误地以为世故就是成熟，所以刻意消除自己身上的稚气和天真。

另外，一些青春期的孩子，有一个突出的心理特点，就是表现成人感，随着自己身体的快速发育，青少年们急需得到大人的认可，渴望着别人将他们当作成人，平等地尊重他们，理解他们。因此，他们开始模仿成年人，包括行为举止、思维方式、社会交往等，以便让别人觉得自己已经长大成人了。可是，毕竟孩子的心智和思维是不成熟的，所以反而出现了很多错误的行为。

除此之外，孩子世故虚伪和父母的影响有很大的关系。青少年因为涉世未深，本来应该天真纯洁，可是因为父母经常在孩子面前表现出世故和虚伪，比如表面上和朋友关系较好，背后却抱怨其小气；比如对有权有钱的人奉承追捧，对普通的人冷淡如水……这些行为都会孩子产生了非常不好的影响，以至于过早地戴上了虚伪世俗的面具。

虚伪世故不是"成熟"的表现，而且虚伪世故的孩子更惹人厌，对其一生都没有好处。

【给爸妈的话】

父母们应该积极地帮助孩子们摆脱虚伪世故，积极正确地引导他们，还孩子一个纯真、可爱的美丽面孔。不要让孩子过早地戴上虚伪的面具，让朝气蓬勃的青少年都能用纯真的心去感受这个美丽的世界，如果你的孩子因过早的成熟而变得虚伪，应如何加以引导呢？

（1）父母要给孩子做好榜样，摆正自己的心态

父母是孩子最好的老师，在生活中父母要做好榜样，摆正自己的心态，待人接物应该公正、真诚，您要知道你的一言一行都在潜移默化地影响着孩子，从现在开始给孩子树立一个良好的榜样吧！

（2）让孩子多接触正面事物

父母要注意让孩子多接触正面人物，避免让孩子接触到品行不良者。应该严格监管孩子去一些成人场所，如网吧、游戏厅等。不把孩子牵扯到成人的日常生活交往中来，尤其是成人间的尔虞我诈中来，避免孩子思想上遭受污染，受到不良影响。

（3）让孩子理解什么是真正的成熟

孩子错误地以为世故就是成熟，父母应该给予孩子正确的引

导，让孩子理解什么是真正的成熟。不要让孩子故作成熟，也不要让孩子过度模仿大人。等孩子知识得到积累，社会经历丰富之后，自然就会变得成熟起来。

6.友谊不靠钱来买，纽带不靠送维系

用金钱能买来的友情，最终也会因为金钱而失去。金钱并不是衡量友情的标准，也不是朋友之间情感的纽带。但是，对于青少年来说，他们一心想要获得更多的友情，又因为内向胆怯，或是不懂得交朋友的方法，所以只能用花钱来维持自己想要的友谊。

瑞瑞今年上初二，平时比较内向害羞，不善于表达感情，所以没有什么要好的朋友。虽然父母经常鼓励他多和同学交往，但是孩子的人际关系却没有太大的改善。这让父母很着急，不知道如何帮助孩子。

可最近妈妈发现瑞瑞好像开窍了，经常把某某同学挂在嘴边，以前几乎不参加集体活动，现在还经常和同学们一起玩。看着孩子越来越合群，有了自己的交际圈子，妈妈感到非常高兴，鼓励孩子多和同学们交往，多出去和朋友们玩玩。不过，妈妈却

发现了一个问题，那就是孩子的零花钱明显增加了，以前一个星期也花不了多少钱，现在三两天就是几百元。妈妈觉得孩子交际多了，零花钱自然也会增多，就没有太在意。

一天，瑞瑞在打电话，说让某某同学约上几个好哥们，明天自己请客。经过一番询问之后，妈妈才发现原来孩子的"友情"都是靠零花钱请客得来的。为了能与同学们打成一片，瑞瑞经常请那几个"朋友"吃饭、上网玩游戏，还经常借钱给他们。所以，瑞瑞的零花钱明显增加了很多。

这时候，妈妈感到非常矛盾，不想孩子好不容易建立起的"交际圈子"一下子就没有了，可是也不想孩子靠钱来维持"友情"。况且这样的友情也不可能长久，也没有太多真心啊！

有些青少年不能妥善处理好金钱和友谊之间的关系，认为金钱才是检验彼此友情之间的关系。比如，有些孩子遇到朋友借钱的事情，即便自己没有多少钱，也会想办法借给朋友。因为他们担心朋友嘲笑自己小气，害怕伤害彼此之间的友情。在他们的思想中，慷慨地借给朋友钱，就是大方、讲义气，而吝啬金钱就是小气，不顾念朋友，会被朋友冷落和孤立。

还有些孩子喜欢请客吃饭，请客玩游戏，甚至还会给朋友买衣服、买礼物等等。他们认为，只要自己给好哥们花钱，这些所谓的好哥们就会和自己更亲近，就会听自己的话。

另外有些孩子为了表示慷慨大方，为了朋友情谊，会毫不犹豫地借给朋友钱，可之后又不好意往回要。他们觉得自己主动要求朋友换钱的话，就显得自己非常在乎钱，非常小气，使彼此之间增加更多的隔膜和芥蒂。

青少年处理不好金钱和友情之间的关系，时常把金钱和友情画等号，实际上是因为他们非常渴望友情，渴望获得更多的朋友。但是由于这些孩子比较自卑、内向，所以在人际交往中缺乏信心和勇气，因此采取了错误的方式方法，认为金钱便可以换来友情。

另一方面，青少年都有强烈的自尊心，希望能够在朋友心中留下好的印象，比如大方、义气、豪爽等等。为了获得朋友们的认可和支持，为了给自己的形象加分，同时他们也希望朋友也能这样对待他们，所以他们更愿意付出更多的金钱。但是如果一旦孩子们的期望落空了，那么孩子与朋友之间就会产生矛盾和冲突，甚至会反目成仇。

作为父母，要引导孩子正确地看待金钱和友情，不要认为金钱可以换来友情，也不要盲目地借给朋友钱，同时也不要随便向同学借钱。要让孩子们知道，君子之交淡如水，小人之交甘若醴，凡是金钱可以换来的感情都不会是真诚的，也不会长久。

【给爸妈的话】

青少年都渴望友情，渴望得到朋友的支持和赞赏，但是由于自身自信心不足，或是不得其法，所以导致他们面对友情时感到无所适从，采取了错误的方式来获得并维持自己的友情。所以，作为父母，应该引导男孩正确处理金钱与友谊的关系，帮助他们认清什么才是真正的友谊。

（1）告诉孩子金钱换不来友情

金钱不是友谊的试金石，也换不来友情。所以，父母要帮孩子树立正确的价值观，不要把金钱和友情画等号，更不要认为金钱可以收买朋友。否则，孩子得不到真正的友谊，只能得到一些酒肉朋友。

（2）用自己的真诚来交朋友

真正的朋友有共同的语言、兴趣、价值观和道德观，青少年想要获得真正的友情，就必须拿出自己的真诚，与朋友坦诚友好地交往，发现朋友身上的优点，彼此真诚地沟通。告诉孩子，当你真诚地付出的时候，自然就会交到好朋友。

（3）增加孩子的自信心

很多孩子不敢与其他人交往，交不到朋友，或是在与朋友相处时唯唯诺诺，时刻担心失去朋友，所以想要用金钱的方式来获取朋友，究其原因就是这些孩子缺乏自信心。所以父母应该培养孩子的自信心，多让孩子参加集体活动，多和同学们沟通。

（4）引导掌握一些处理"金钱与友谊"的方法

作为父母应该让孩子妥善地处理好友情和金钱的关系，最好不要让朋友之间的交往涉及金钱。比如，教孩子不要盲目地借给朋友钱，学会拒绝朋友的借钱行为；告诉孩子不要显示慷慨大方，就花钱大手大脚等等。

7.钱不是万能的，帮孩子树立正确价值观

李开复在《做最好的自己》一书中写道："价值观是人生的基石，是成功的前提。一个没有良好的价值观、没有正确态度的学生，即使进了名牌大学，他的成功概率也一定是零。"

父母想要孩子健康地成长，就必须帮助孩子树立正确的价值

观和金钱观。

16岁的康康是一名高中生，家里经济条件不是很好，父母都是普通工人，虽然生活还算可以，但是并不能给孩子提供非常优越的生活。上了高中之后，康康发现班上很多同学家境非常好，平时穿的都是阿迪、耐克等名牌，手机经常更新，苹果手机新品一出他们就会争相购买，也经常吃必胜客、出入商场看电影。再看看自己，实在是太寒酸了，衣服是最普通的，而且穿了两年了，手机是国产的，只有平时生日的时候，父母才请自己吃一次必胜客，看一次电影。最重要的是，每天放学时候，同学们都有奔驰、奥迪等豪车来接送，而自己只能骑着破旧的自行车。

时间一长，康康的心里开始不平衡，在那些条件好的同学面前感到非常自卑。虽然老师们对每个同学都一视同仁，但是他却觉得老师更喜欢那些有钱的同学。他因为自卑而人缘不好，但是他却觉得是因为自己没钱所以才遭到同学们的排挤。

康康越来越沮丧，变得越来越沉默，学习也越来越差，甚至沉迷于买彩票，希望可以幸运地改变自己的命运。

现在社会非常浮躁，在很多人眼睛里，金钱就是万能的，没有金钱办不成的事情。以至于在大多数青少年眼中也是如此，认为只要有钱就可以拥有一切，每天不好好学习，总想着赚更多的钱，嘴里还说出这样的狂言：有钱走遍天下，无钱寸步难行。有些家庭条件好的孩子，花钱大手大脚，攀比摆阔，瞧不起贫困的同学；而有些家庭条件不好的孩子，则抱怨父母没有本事，没有给自己优越的条件。虽然父母辛苦赚钱，他们却根本不懂得体恤。

其实，青少年在价值观上持有如此"金钱至上"的思想，是与社会大环境、家庭教育等因素分不开的。在平时，孩子们听到的、看到的，都是金钱万能说，大人们张嘴金钱、闭嘴金钱，自然让孩子们也产生了这种思想。

另外，现在孩子都是独子，随着家庭条件越来越好，很多家长非常溺爱孩子，即便是自己吃苦也要满足孩子的一切要求，尽量给孩子提供最好的生活环境。这样一来，孩子们大多以自我为中心，过惯了舒适的物质生活。所以，他们形成了错误的价值观，认为生活只要拥有更多的物质就美满了，一旦看到其他同学条件更优越，物质条件更好，心理就产生不平衡感，就会产生嫉妒、攀比的心理。而青少年一旦没有正确的价值观，认为金钱是万能的，那么就会变得拜金，自私自利，唯利是图。甚至会为了金钱而走上了犯罪的道路。

同时，没有正确的价值观，孩子就不会懂得父母赚钱的不易，想花钱就和父母和长辈要，认为父母给他们钱是天经地义的。慢慢地，孩子就会养成挥霍、浪费的消费习惯，而且还缺乏感恩之心，不懂得孝顺父母。一旦父母没有条件满足他们的需求，孩子心中就会滋生不满、怨恨，甚至是仇恨。

【给爸妈的话】

父母一定要帮助孩子树立正确的价值观、金钱观，让孩子知道金钱都是通过勤苦劳动获得的。这样孩子才能健康积极地成长，才不会让金钱腐蚀了心灵。

(1) 引导孩子树立正确的价值观

青少年很容易受到环境的影响，如果家长不引导他们树立正确的价值观，他们很可能受到很多不良思想的影响，走偏了道路。父母应该随时关注孩子，让孩子对金钱、物质有正确的认识，不要让孩子太看重金钱，成为一个唯利是图、见钱眼开的小人。

(2) 给孩子适度的零花钱，不要让孩子花钱大手大脚

父母不要太溺爱孩子，也不要随意满足他们一切花钱的需要。平时给孩子零花钱的时候，父母要注意适度适当，既要满足

孩子生活的需求，又不能让孩子花钱大手大脚。

（3）可以让孩子通过做家务赚取零花钱，让他们知道赚钱的不易

很多父母认为孩子和金钱无关，他们没有能力管理金钱，于是孩子需要钱就和父母要，父母想给多少就给多少。这样的观念是错误的，无法让孩子树立正确的金钱观。父母可以让孩子通过做家务来赚取零花钱，并且从小养成存钱的习惯，这样他们既知道了赚钱的不易，又懂得了责任感。

（4）告诉孩子金钱不是万能的

在培养青少年价值观和金钱观的时候，父母一定要告诉孩子金钱不是万能的，虽然它可以买来很多东西，满足物质需要。但是却买不来友情、爱情、幸福、健康……

（5）家长要给孩子做好榜样

很多家长受到世俗观念的影响，太看重金钱，遇到事情就想着用金钱解决，在孩子面前大谈金钱万能论，这样孩子怎能不受到影响。所以，父母给孩子做好榜样，首先自己树立正确的金钱观，千万不要因为自己的言行而害了孩子。

第5章 天才，并不是强迫来的

—— 与其强迫孩子点灯熬夜，不如引导他自主学习

不顾孩子的感受，逼迫孩子学习，先入为主的希望孩子成为自己想象中的人才，过早地为孩子选定专业方向，凭自己的喜好培养孩子，这对孩子的健康成长是极为不利的。我们强调民主，是强调孩子是学习的主体，孩子的学习具有不可替代性，一定要理解孩子、尊重孩子，把孩子当成正在成长的人来看待，才能教育好孩子。

1.孩子不爱学习，问题出在哪里？

现在，很多的青少年都有厌学的情绪，这已经是一个非常普遍的现象了，且随着学生年龄的增大越发明显。而且，不只是成绩不好的孩子厌学，就连那些成绩非常优秀的好学生都有厌学情

绪。在青少年的内心世界中，学习是件很烦心的事，甚至是一提起就头疼。

小伟是某中学初一的学生，从小各科成绩都很优秀。但是进入到中学以后，小伟突然开始讨厌学习，学习成绩也随之直线下降。在学校里，小伟的表现也大不如前，时常旷课，或是倒在桌子上睡觉。遇到比较严厉的老师，小伟虽然不敢逃课，但是上课也不听讲。放学回家后，小伟把书包扔在一边，既不复习功课，也不做家庭作业，不是看电视，就是玩玩游戏。

每当父母一提到"学习"这两个字，小兵就表现得特别烦躁，说自己头痛、难受。为此，小伟的父母伤透了脑筋。

学习本应该是一件令人感到快乐的事情，是应该符合追求快乐的青少年的天性的。但是一旦孩子们发现自己在学习过程中的这种快乐被剥夺了，取而代之的是一种机械的、枯燥的重复，缺乏丰富的新鲜感和趣味性时，那么他们便会产生厌学情绪。

学习本身就是一件很耗费精力的事情，在这个过程中，学生要付出很大的辛苦。并且同时学生的精神始终是处于一种高度紧张的状态中，久而久之必然会产生心理疲倦感。不仅如此，学习也是一个长时间的周期，并非一朝一夕就可完成。一个人无论进行什么性质的工作，时间长了，都会多多少少地令人产生厌倦情绪，学生从小学一年级开始，要持续努力学习十几年，甚至更长。所以，学习本身存在的局限性就使学生产生心理疲倦，从而导致厌学。

此外，孩子如果找不到适合自己的学习方法，那么学习就非常费力，学得非常辛苦，也会产生厌学心理。这些孩子往往学习时注意力不集中，不能把新旧知识联系起来进行学习；不能抓到学习的重点。再加上日益繁重的课业内容，学习越来越累，心情越来越烦躁，自然就产生了厌学情绪。

【给爸妈的话】

面对青少年厌学的这种现象，身为家长，应该做到：

（1）培养孩子对学习的兴趣

学习并不是痛苦的事情，如果家长们抱着"书山有路勤为径，学海无涯苦作舟"的信条不放，提倡孩子苦干苦学，那么孩子怎么能不厌学？所以，父母应该培养孩子的学习兴趣，引导孩子在学习的过程中，抓住事物新奇性，那么孩子就会爱上学习。

（2）帮助孩子体验到成功的快乐

孩子都很在意别人的评价，所以父母不能总是抱怨孩子笨，学习不好，而是应该让孩子体会成功的快乐，这样孩子才不会自暴自弃，产生厌学的情绪。

（3）帮助孩子确立适当的学习目的

父母为孩子确立一个适当的学习目的，可以在孩子的学习过程中起到指引的作用。比如具体地告诉他，你的成绩要赶上某同学，你考试成绩要得到班级前几名等。但是学习目标不能太高，超越其能力，否则孩子会失去信心；也不能太低，觉得不用努力也能实现，否则孩子就会失去兴趣。

（4）鼓励孩子进行自我激励

父母要帮助孩子树立自我激励的目标，教会孩子经常对自己说一些激励的话，如"我一定能成功"。这样孩子才能摆脱消极情绪，不会产生对学习的恐惧。

2.孩子的拖延症，再不纠正就晚了！

有不少父母抱怨，本以为孩子慢慢长大了，不需要再费那么多精力，可没想到孩子却患上了"拖延症"。举手可办的事情，就是拖着不肯做。做作业十分拖拉，明明一小时就能完成的功课，偏要熬到深夜。有的甚至要家长代写，帮忙收拾残局。

李莉是一个慢性子的姑娘，做什么事都是拖拖拉拉，不紧不慢。别的同学都是赶快做完功课好出去玩，可是常常是同学们玩够了回来却发现李莉任然没有做完功课。上体育课换运动服，别的同学都已经换好衣服列队等待老师，她每次都是最后一个，慢吞吞的，半天也不出来。课堂练习的时候，李莉也时常不能按时完成老师布置的任务，总是要落后很久。

晚上放学回家以后，就连打开书包都要花上几分钟的时间，做作业也是不紧不慢，别的孩子半个小时就能做完的作业她常常要拖上两个小时。而且很多时候当晚并不能完成，非得等到第二天早起去做，可是到了第二天，又懒在床上不肯起来，结果功课就落下了，时间一长，成绩也受到了很大的影响。

学习上的拖拉是在许多孩子身上都存在的一种普遍现象，也是孩子众多拖拉行为中最典型、对孩子的影响最大的一种。拖延是一个很糟糕的坏习惯，这种习惯往往是青少年从小就养成的，长大后又把这种不好的习惯延续到学习和校园活动中。一旦孩子由于不能及时、按时地完成老师布置任务，不断地受到老师、家长的批评和同学们的白眼，就会导致自信心逐步弱化，以至于产生自卑心理，从而逐渐将内心世界封闭起来，形成了人际关系障碍，对青少年的自信心会造成很大的打击，以致造成更严重的后果。

青少年学习拖延是由很多原因造成的，具体有以下几个重要因素：

（1）完美主义

通常情况下，有完美主义倾向的青少年容易在学习上拖拉。这样的孩子，不管做什么事都希望能够做到让自己满意，让所有的事情都要达到一个很高的境界。为了做得完美，这样的孩子在决定做一件事情的时候往往不愿意匆匆忙忙开始，非要等到万事俱备才行，因此导致了学习的拖拉。

（2）对学习有抵制与厌恶的情绪

如果本身就不喜欢学习，那么自然对学习就没有热情和动力，最终在学习中只能是拖拖拉拉的了。

（3）孩子缺乏自信

部分青少年由于常常不能很好地完成任务，导致他们对自己能力的估计会越来越低，即使以后完成好了，也认为是运气。久而久之,信心丧失,做起事情来没有底气,因此形成了拖拉的习惯。

还有一些青少年认为自己面临的学习的任务太过艰巨了,自己根本就完成不了,因而产生了消极的逃避心理,开始应付差事。或者为自己完不成任务找借口——"别人都不需要做我干吗要做?"或者在重压之下不能忍受持续做这件事情,心里总想着等明天再做吧。但是往往明天到了,心里还是不高兴做,又继续往后推。

【给爸妈的话】

孩子在学习上的这种拖拉,如果得不到最及时的纠正,久而久之,这种不良的行为习惯就会变成一种自然的行为,这不仅会影响到孩子的学习成绩和学习效率,而且可能还会导致孩子最终形成拖沓的性格,影响到孩子未来的工作和生活。所以,父母要给予重视,帮助孩子改正这种拖延的心理。

(1) 给孩子制定学习计划

父母可以帮助孩子制定学习计划,让孩子按照学习计划进行学习,这样不仅学习有了目标,还有了具体的指导,孩子就不会拖延了。当然，学习计划要根据孩子的实际情况来制定，不能太空，也不能太大。

（2）改变学习的单一模式，及时更换学习科目

如果孩子功课太繁重，且有一定难度，孩子自然会产生急躁和厌烦心理，不愿意动手去写作业。家长可以把孩子每天要学习的科目都梳理一遍，按照由易到难的顺序，给孩子合理地安排学习的次序和科目。

（3）让孩子合理地安排学习时间

孩子在学校里的学习是有严格时间规定的，在家里也有了很大的随意性。所以，父母应该让孩子合理地安排学习时间，比如放学后就先写作业后玩，或者在晚饭后稍稍休息一下，立即做功课。还可以帮助孩子制定一个学习时间表，严格按照时间表学习，并坚持形成习惯。

（4）改变孩子的完美主义思想

完美主义是拖延的重要原因，父母应该帮助孩子改变完美主义的思想，先动手，然后再一步步完善。只要行动了，拖延的坏习惯自然就改掉了。

3.期望太高，会压得孩子直不起腰

父母的话孩子不听，或者听了不做，答应了的事总办不到，这在家庭教育中实在是很常见了。孩子言行不一，可能就是因为父母给他们订立的目标过高，施加了过大的压力，让他们直不起腰。

陈浩的妈妈最近很烦恼，她说："我怎么有这么言行不一的孩子。平时和他说话表面答应得很好，可却从来不照着做，自己想怎么做就怎么做。这孩子居然学会当面一套背后一套了！"

陈浩今年14岁，原来是非常乖巧聪明的孩子，学习成绩很优秀，每次考试都是班级的前三名。可是，前一段时间，妈妈发现陈浩变了，不爱学习，上课不认真听讲，作业也不好好做。妈妈立即找孩子谈了话："孩子，你现在初中了，学习任务重，竞争激烈，所以一定要好好学习，这样才能考上重点高中。如果你一直这样懈怠散漫，怎么考上好学校，怎么有好前途。"

陈浩当时答应得好好的，可是行为却没有任何改变，听课依然不认真，学习依然不积极，学习成绩也下滑了很多。更令妈妈震惊的是，陈浩竟然学会了抽烟、上网，面对父母的指责和批评，他只是表面答应，私下依然我行我素，问题越来越多，成绩

越来越差。

陈浩妈妈觉得自己根本没办法和孩子沟通了，孩子当面一套背后一套，她再也不敢相信孩子的承诺。对孩子的言行不一，她也感到非常担心，真不知道该怎么办才好。

其实，对于孩子的言行不一，虽然可能会有孩子顽皮、倔强的因素，但是最主要的原因还在于父母的教育不当。

在平时教育孩子的时候，父母总是站在自己的角度思考问题，完全不考虑孩子的兴趣爱好，孩子是否愿意去做，是否有能力完成父母的要求。比如，很多家长为了让孩子提高成绩，总是要求孩子好好学习，提高几个名次，或是每天完成多少练习题。但是，父母总是想当然地提出自己的要求，却没有考虑孩子的实际情况。于是，孩子在父母的期待下，被迫答应了这个要求，结果做不到的时候，父母就觉得孩子说话不算数、言行不一。实际上，这样的强势教育，只会让孩子增加心理负担，还会激起孩子的反抗情绪。

另一方面，父母对孩子的期望太高了，给孩子制定了过高的目标。在平时，随着孩子年龄的增长，活动能力的增强，父母对孩子的期望越来越高，提出的要求、制定的规则也越来越多，这无疑给孩子设置了很多门槛，而其中一些门槛高于孩子的实际能力。而当孩子无法完成父母的要求，达不到父母的期望时，父母就觉得孩子言行不一，还会给孩子更多的责骂和惩罚。于是，在父母的高期待和不断地批评、责骂之中，无法顺利达成有效的"自我统一"。最终，孩子越来越矛盾，越来越自卑，一心想要逃避，甚至是自暴自弃。

同时，一些家长不懂得尊重孩子，从来不尊重孩子的意见，只知道树立家长的威严，一味地压制孩子。这也是造成孩子言行不一，当面一套背后一套的原因。因为青少年已经有了独立自主性，有自己的想法和观点，但是迫于家长的权威而不敢发表自己的想法，只能背后偷偷地实行，避免受到责骂和压制。

除此之外，孩子的言行不一在很大方面也受到了父母的影响。比如平时父母答应孩子的事情，却时常因为忙碌而做不到，说话不算数，那么孩子也会慢慢地变得言行不一。还有，在家庭教育中，如果青少年做错了某件事，父母只是言语劝阻而没有采取有效的制止行动或是睁一只眼闭一只眼，直到忍无可忍的时候才严厉地斥责。那么孩子不良行为就会强化，到时候批评就没有太大效用了。

【给爸妈的话】

孩子言行不一，虽然有自身的原因，但是更多的是父母家庭教育的问题。所以，在青少年的教育中，家长应该了解孩子的心理，给予正确的引导。

（1）不要给孩子提太高的要求

父母在教育孩子时，应该从孩子的实际情况出发，由低的要求开始，逐渐提出高的要求，这样才能激发孩子的自信心，孩子的能力才能一步步得到提高。如果父母一下子就给孩子提出过高的要求，那么孩子做不到的情况下，就只能敷衍应付，表面好好答应，实际却做不到。

同时，这样的行为还会让孩子产生挫败感，变得越来越自卑。

（2）尊重孩子，不要靠家长的威严来压制孩子

明智的家长懂得树立家长威严的重要性，但是更懂得威严不是靠压制、强制的手段获得的，而是靠尊重孩子、关爱孩子得来的。家长应该多和孩子沟通，了解孩子真正需要的是什么，了解孩子的兴趣、爱好、能力水平。这样孩子就不会言行不一，当面一套背后一套了。

（3）父母要给孩子做好榜样

父母要做好言行一致，答应孩子的事情保证做到，不敷衍孩子、不欺骗孩子，守诚信、讲信用，这样孩子才能在之后也言行一致。

（4）惩罚措施要落实

当孩子犯错的时候，父母不要张一只眼闭一只眼，应该及时地制止，这样孩子才能有错就改。如果父母只是到忍无可忍的时候才严厉地斥责，那么孩子就会口头应承，背后还不断犯错。

比如孩子做错事情时，父母要及时采取行动，给予严肃的批评，或是给予一定惩罚，这样孩子才知道父母的批评并不是随便用"好""是"就能应付的。

4.做作业是孩子的事，不是家长的事

每个人的孩子都有失控的时候。你有没有发现，当你命令他们该怎么做，或者向他们展示家长的权威时，只会让事态变得更难收拾？很多时候你都会面对这种情况，我们越是强迫孩子，孩子就越抗拒。

顾磊很不愿意完成作业，每次都需要父母逼着，才能够勉勉

强强地把作业做完。这天，顾磊的父母有事情外出，临走之前，父母叮嘱顾磊一定要完成作业，顾磊也答应了下来。可顾磊的父母回来之后，却看到顾磊正在玩游戏。妈妈于是问道："你作业写好了？"顾磊肯定地说："早就写好了。"妈妈相信孩子，就没有再做检查，还因此表扬了顾磊。

可是，妈妈刚打算出家门，就接到了顾磊班主任的电话："顾磊昨天的作业又没有写好，像这样下去，怎么能行呢？"顾磊的母亲顿时火大了，严厉地批评了孩子。可是这种情况并没有好转，为了让孩子的作业写好，他们夫妻俩可费了不少心思，有时忙得连做饭的时间都没有。可是，只要家长一放松他就马虎了事，学习成绩也是一塌糊涂。

妈妈无奈地说："孩子学习怎么这么消极，作业好像是为我们写的。只有监督他、督促他，孩子才勉强完成。这该怎么办？"

很多青少年像顾磊一样，学习缺乏积极性，好像学习是为了应付老师和家长，写作业也是为老师和家长写的，因此，成绩一塌糊涂。

其实，孩子不喜欢学习，不爱写作业，最重要的原因是青少年本身缺乏学习动机。在这些孩子认为，做作业是一件枯燥、乏味、毫无乐趣的事情，完全在家长的监督和责骂下才勉强为之，因此，当离开外力的约束时，就会立即逃避。在孩子看来，学习是教师和家长硬逼着他干的事，而看电视、玩才是他感兴趣的。而孩子勉强写作业，只是为了躲避家长和老师的惩罚，不被老师和家长责骂，如果能不被老师和家长责骂，那么采取其他诸如欺骗之类的手段也能躲过惩罚，那是再好不过了。至于学到知识、充实自己，他们还无需顾忌。有这样的学习动机，怎么可能积极主动地去学习？所以，父母想要帮助孩子改变学习态度，首先要帮助他树立明确和适当的学习目的。

事实上，每个青少年都有潜在的好奇心和求知欲，正是这种好奇心和求知欲，使得他们愿意去接受全新的知识。激发青少年的求知欲，让他们希望自己不断地接受新的知识，这种学习的内部动机非常重要，它直接指向学习本身，而不是为了追求外在的奖励和荣誉，因此，其在青少年的学习动机中占主导地位。此外，青少年在学习过程中的外部动机也不可忽视，即获得一定的奖励及赢得相应地位而获得一种心理满足。学习毕竟是一种艰巨而又枯燥的事情，很少有人能始终心甘情愿地一直学下去。事实上，希望青少年能在没有严格而明确的教学要求下自觉地进行学习，完成规定的作业，安分守己地接受考核，这不过是家长和老师们的一种幻想。相反，许诺给青少年学习成功的奖赏，给其一定的地位，满足其自尊的需要，来自父母和教师的赞许和认可等，都能使青少年努力学习以获得更好的成绩。

除此之外，功课枯燥而繁杂，学习任务重，也是孩子失去学习兴趣的主要原因。作业量大、作业形式的单一，使得学习变得非常枯燥无味，而且让孩子感到身心疲惫，所以让他们失去了学习兴趣。

父母想要提高孩子学习的积极性，主动地写作业，就要激发孩子的学习动机，让孩子对学习感兴趣，并且不要让功课太繁重、太枯燥。

【给爸妈的话】

青少年不喜欢做作业，讨厌学习，最根本的原因是没有建立正确的学习动机。要改变这种情况，家长必须做到：

（1）帮助孩子确立明确的学习动机

有一个明确的学习目的，这对孩子的学习有很大益处。如果孩子知道自己是为什么而学，而不是被父母、老师逼着学，那么孩子自然会有比较足的学习劲头儿。

(2) 合理地调动孩子的学习兴趣

家长应该学会使用手段来调动孩子的学习兴趣，比如使孩子尝到成功的滋味，适当地夸赞孩子，刺激孩子的好奇心和求知欲。当孩子对学习有兴趣了，爱上了学习，自然就会化被动为主动。

(3) 不要总是拿孩子和别人做比较

很多家长总是对孩子说："你看看某某同学，学习多认真，你却只知道玩!""你看看谁谁，班级第一名，你却始终没有进步!"总拿成绩优秀的孩子和自己的孩子比较，会让孩子心理负担加重，会伤害孩子自尊心，自然就不会主动学习了。

(4) 科学地指导孩子做家庭作业

父母要使孩子端正做作业的态度，使孩子日常的学习、生活制度化，合理安排作业的顺序，科学地安排作业时间。

5.做到这几点，孩子想不专注都难

上课注意力不集中，经常走神是青少年在学习中比较常见的一种现象，也是青少年在学习中的大敌，对学习成绩的提高有很

多大影响。因为，青少年的智力水平并无太大的差别，课堂上听课的质量就成了决定学习的关键。

王海是一名初中生，开始成绩虽然不太优秀，但也还算可以。可是一个学期下来，王海的成绩急剧下滑，成了班级倒数几名的学生之一。为此，王海的父母很是着急，主动到学校找到了班主任来了解情况。

班主任对王海的父母说，王海有上课溜号的习惯，很多时候，老师在讲台上讲得津津有味，王海一开始也的确在很认真地听老师讲课，可不知不觉的，他就开始走神，有时候只是发愣发呆，不知是在想什么，有时候则很离谱地在那里手舞足蹈，弄得几乎所有的同学全都不再专心听课，而是不约而同地向王海投来了惊奇的目光，这时候任课老师只有暂停讲课。

起初，班主任以为王海是故意在那里扰乱课堂纪律。但在与王海谈话之后，班主任得知王海并不是故意的，其实他自己也不知道究竟是怎么一回事，脑子总是在不经意间就开了小差，王海也在为自己的这个毛病着急上火。了解到这样的情况，王海的父母十分着急，不知道怎样才能使王海改掉这个坏习惯。

很多青少年在上课时很难做到注意力高度集中，而是经常溜号、走神。但是，事实上这些学生也不是故意想要溜号，往往连他们自己都不知道这究竟是怎么回事的时候，自己的注意力不知不觉就被勾走了，这使得他们在受到老师和家长的批评时，心里觉得很委屈。

这主要是因为，青少年时期是一个人从幼稚走向成熟的时期，同时也是一个朝气蓬勃、充满活力的时期，更是一个人处于多梦的时期。爱思考、好想象，正是青少年的特点。上课的时候，这些特点在无意中体现出来，就导致了溜号、走神、注意力不集中的现象。如果青少年长期这样下去，对自己的注意力分散不加以控制，就会严重影响听课效率，学习上的缺漏就会不断累积，和其他同学的差距越来越大，导致学习成绩大幅度下降，影响自信心，恶性循环，最后自然要被淘汰出局。

通常来说，学习成绩好与成绩差的学生之间最明显的区别之一就是注意力能否集中。除了青春期的特征外，还有很多原因可能导致孩子注意力不集中。比如，如果孩子睡眠不足的话，这个时候，人处于一种应激状态，自然会影响到注意力集中的问题。因为晚上休息不够，白天脑细胞的营养跟不上，大脑对外界的干扰因素的抵抗力就会降低，上课自然就会注意力不集中，从而出现上课走神的现象；如果孩子压力大，心中有烦恼，也会影响学习时的注意力集中。因为在上课的时候，青少年经常就会不自觉地想到这些事情上面，而且越想越烦，越烦越难以集中注意力。

另外，如果青少年没有清晰明确的学习目标，不知道自己为什么而学习，或者不知道自己要达到怎样的目的。那么上课的时候，也很容易走神，无法集中注意力。

作为青少年的家长，需要了解到青少年的注意力是生理和心理共同影响的一种现象，给孩子正确的引导，避免孩子经常上课走神，注意力不集中。

【给爸妈的话】

应该说，绝大部分青少年的注意力的发展是正常的，家长大可不必过于担心。但是要遵循青少年的生理、心理成长规律，关心并训练他们集中注意力。在此期间，家长们应该努力做到以下几点：

（1）帮助孩子明确自己的学习目标

孩子在上课时走神，重要的原因是没有一个明确的学习目标。所以，父母想要孩子集中注意力，就必须时刻提醒孩子把注意力稳定在学习目标上。有了目标,孩子才能更好地集中注意力,使他上课时不再"走神"。

(2) 培养孩子对学习的兴趣

父母要知道,兴趣和爱好是最好的老师。很多孩子在听课时难以集中注意,而玩电子游戏时却能够专心致志,不受干扰,这是因为孩子们对电子游戏有浓厚的兴趣。所以,父母要想办法提高孩子对学习的兴趣,这样孩子听课的自觉性就强了。

(3) 让孩子保持充足的睡眠

充足的睡眠可以维持正常的脑功能,因此,家长要保证孩子有足够的睡眠时间,让孩子养成早睡早起的好习惯。

(4) 倾听孩子的烦恼

青少年有很多方面的烦恼,学习上的,生活上的,交友方面的,这些烦恼会让孩子胡思乱想,上课难以集中精神。父母应该多和孩子沟通,倾听孩子的烦恼,问题解决了,孩子自然就将心思用在学习上了。

6.一考试就心慌,爸妈怎么来帮忙

很多青少年平时学习成绩还不错,可是一到考试就焦躁不

安、心神不宁，担心自己考不好，这是一种对考试反应过度的反应，常伴有睡眠不稳，做噩梦，食欲不振，甚至还会引起神经衰弱。这不仅对孩子的身心健康不利，而且还直接影响到孩子的学习成绩。

爱玲是个很用功的学生，上课认真听讲，主动完成作业，成绩也不错。在老师和家长的眼里，爱玲是一个很好学又聪明的学生。

小丽是爱玲的同班同学，平时学习并不如爱玲，很多问题的思路也不如爱玲灵活。可是，每次考试成绩出来后，小丽都是比爱玲高出十几分，这给爱玲的心理造成了很大的压力。

不知不觉间，期末考试又临近了。从考试的前一天晚上开始，爱玲就在不停地看书、复习，生怕自己考不好。父母劝爱玲早点睡觉，可是爱玲躺在床上翻来覆去就是睡不着，好不容易眯着了，可很快又被惊醒。到了第二天早晨，爱玲又早早地醒了，看到母亲给自己端来早餐，也觉得自己没有胃口，吃不下去。从家里到学校这一路，爱玲的脑子里满是关于考试的事情，手脚也不自觉地在发抖。进到考场之后，爱玲感觉自己的脑子里空荡荡的，之前复习过的东西突然间全都不见了。爱玲为此惶恐极了，手心都攥出了汗。最终，这次考试，爱玲又考砸了。

从爱玲的表现来看，她是患上了"考试焦虑症"。本来，考试应该是教师发现学生知识和能力的缺漏，帮助学生查漏补缺的一种手段，考试也是学生自我检验、自我测评的一个好机会，这本应是学生学习的朋友和助手，却由于分数的特殊作用成了学生可怕的敌人和负担。一些孩子在考试前担心自己考不好，觉得会被父母责骂，同时在学校里也抬不起头，所以造成了严重的考试焦虑。

一般情况下，如果父母对孩子期望过高，提出了很多不适当的要求，如每门课要考多少分、力争考上某某大学等，孩子的心理负荷过重；或者错误地夸大考试与个人得失及前途的关系，过分渲染考试失败的情景等，使孩子在过大的压力下产生紧张、焦虑的情绪。因为每个青少年都有竞争心理，都喜欢争强好胜，面对考试自然也会表现出适度的紧张。这种适度的紧张，可以给孩子适当的压力，刺激他的神经系统，令他保持良好的兴奋状况，可以更好地应对挑战。但是如果父母给予孩子的压力过大，那么就会造成焦虑。

如果考试的结果达到了老师、父母、以及自己考试之初对自己的要求，那么就会产生一种积极的心理反应，这种反应所引起的人的愉快的情绪，会极大地促进人的行为动机，从而形成良性循环。反之，如果考试的成绩和老师、父母、以及自己当初的设想差距很大，这就会产生消极的心理反应。这种反应所引起的人的沮丧情绪，就会极大地压抑人的行为动机，从而形成恶性循环，加重孩子的考试焦虑情况。

同时，如果青少年心理承受能力差，或是之前出现过考试失误的情况，那么一遇到考试就会紧张，担心再次失利，也会导致考试焦虑。

所以，父母首先应该摆正自己的心态，以平常心看待孩子的学习成绩和考试分数，不要给孩子太大的压力。父母还应该学会给孩子减压，给孩子打气，坦然地面对考试和之前的失败。

【给爸妈的话】

备考时期，很多考生在重重压力之下，会出现或多或少的考前失眠、焦虑，甚至考试恐惧等现象。遇到这种情形，家长应该帮助孩子消除紧张和焦虑，而不是给予更大的压力。

（1）不要对孩子期望过高

现在父母将希望全都寄托孩子身上，难免期望过高，但是这对于孩子的心理发展并没有太大的好处，反而让孩子感到无形的压力。所以，父母不能苛求孩子，要提出合理的期望和要求。

（2）孩子考不好也不能太过严厉地批评

孩子考试失利的时候，父母千万不要太严厉地批评，也不要板着脸不搭理，这样会使孩子感到压抑，加重孩子的压力和焦虑。多给孩子鼓励和支持，多鼓励孩子从失利中走出来。

（3）让孩子端正对待考试的态度

考试只是为了检查自己掌握知识的情况，以便根据存在的问题加以改进。所以，父母要让孩子端正对待考试的态度，不要太看重分数，告诉孩子们，考试时他们应该做的是：抓住重点，排除杂念，汲取其他同学成功的经验，发挥自己最好的水平。

（4）不要给孩子太多"标杆压力"

在考试前，父母不要说："你这次好好考，看看上次某某比你高出了十几分，这次你要好好复习，一定要超过他。"这样的做法往往会适得其反，因为你在拿孩子和别人比较的同时，不仅加大他的心理压力，还伤害了他的自尊。

7.一科"冲天"一科"坠地"，偏科孩子的伤不起

偏科是青少年在学习过程中普遍存在的现象，一直以来令家长们头痛不已，也让孩子们感到非常无力，想要改变偏科的现状，却不知道该怎么办。

晓露从小就很讨厌数学，认为成天地算啊算啊一点儿意思也没有。上了中学以后，晓露面对枯燥的概念、复杂的公式，更是感觉到毫无头绪，因此越发地讨厌数学，看到数学二字就两眼发黑，听到别人一提数学头皮就发麻。

可是没办法，数学是"主课"，不学也得学。中考即将到来，晓露的压力很大。晓露知道自己其他的几门功课实力都很强，如果有什么差错，就肯定是出在数学这一科上面了。为此，晓露每天都花费大量的时间用在并不感兴趣的数学上，但发现自己根本提不起兴趣来，效率低下，简直是在浪费精力和时间。

偏科的出现，本身是不存在孩子智力方面的问题，也许是学习方法的问题，但是偏科的确对学生的升学影响很大。其实，偏科归根结底是个人的能力结构的特殊性所导致的，是很常见、很普遍、很正常的一种现象。人总会有长短板的，有的方面自己擅长，有的方面自己不擅长，所以才出现了有些孩子偏科的情况。

事实上，除了个人能力结构的因素外，青少年的一些主观心理因素也是造成偏科的主要原因。比如有些孩子从小就喜欢阅读，语言能力较强，加上上学时强化的写作训练，所以就会在语文学习上有较大优势。而有的孩子头脑反应迅速，不喜欢文科大量的背诵，看到作文就感到无趣，那么就会造成语文的劣势。

还有的青少年甚至由于对所教学科目的任课教师的态度，进而影响到听课态度，从而反应到学习上的偏科。比如一个学生讨厌教学老师，看数学老师就烦，那么自然也就对于数学产生排斥心理，没有什么兴趣学数学，上课的时候不听讲，做作业肯定也不会用心。

还有些青少年在学习的过程中，如果某个科目总是学不好，那么在头脑中就会不自觉地把困难放大，认为自己肯定学不好这个科目。而且越是觉得困难，越是不敢去尝试、去行动，让问题越积越多。一旦父母采取了不得当的教育方式，或是指责，或是施加压力，那么孩子就会更加不喜欢这个科目，从心理彻底排斥，最终导致这个科目越来越糟糕，成为学习上的短板。

况且，对于那些劣势的科目，孩子就算是投入了更大的精力，也未必能有好的成绩。更何况，越是劣势的科目，孩子越无法喜欢，越无法喜欢就越无法获得提高。这是父母们无法忽视的客观问题。

【给爸妈的话】

其实，很多青少年在学习的过程中都会或多或少地存在着偏科这一问题。这个问题对于孩子的学习、发展都是很不利的，需要引起家长的关注和引导，不仅要及时帮助孩子解决偏科的问题，更要从心理上让孩子喜欢上所有的科目。

在具体解决孩子偏科的问题上，家长们应该从以下几个方面来着手：

（1）帮助孩子开发短板科目的潜能

孩子的潜能是很大的，家长需要让孩子改变学习方法，找到适合自己的学习策略，这样便可以激发短板学科的学习潜能。比如，可以根据孩子的兴趣爱好，找到学习某科目的侧重点。

（2）让孩子知道偏科的害处，帮孩子全面发展

家长在帮助孩子弥补弱项的同时，不能顾此失彼，过了一个短板又出现另一个短板，更不能放弃对孩子全面发展的要求和培养。也就是说，孩子要根据自己的实际情况，尽量弥补弱项，发

挥强项,以力求做到全面发展。

(3) 让孩子对某个科目感兴趣,不排斥

孩子喜欢的科目,成绩自然差不了,而不喜欢的科目,成绩自然也好不了。所以,父母要培养孩子学习的兴趣,找到某个科目的兴趣点,做到不排斥。比如,孩子如果不喜欢语文,却喜欢诗词,父母可以以此作为突破点,激发孩子学习的兴趣。

(4) 不要总数落孩子,否则会让孩子产生抵触心理

很多父母喜欢数落孩子:"你不能偏科,数学学得好,语文也要提高啊!"这样的数落不仅无法让孩子喜欢上语文,反而会让他们产生抵触心理。想要让孩子不偏科,最重要的是孩子自己醒悟,找到偏科的原因。

8.别让懒散的作风,延迟孩子的成功

懒散是成功的绊脚石,有懒散习惯的孩子,做事情总是在等、靠、要,从来不想去主动争取,这样下去,最终将只能是一事无成。

林林有一个很不好的习惯,就是学习不积极,很懒散。每天放学回家后,从来不主动温习功课时,只有在父母的督促下才慢

慢悠悠地拿出书本。对于上课时老师布置的课堂作业，林林也懒懒散散，能拖就拖，能不做就不做，实在不行了，还偷偷抄写别人的作业。

平时上课，林林的态度也很有问题，不认真听讲，小动作不断，不盯着他就会拿其他东西玩。对他的这些坏习惯，父母打也打过，骂也骂过，可就是没有多大效果。

林林父母说："孩子这么大了，打骂不是办法。觉得给他讲道理，他应该能听得进去，可是当时他一个劲儿地说改，没几天就又变得懒散了，从来不主动学习。"

青少年在学习中时常缺乏积极性，懒散、拖延。这一情况的出现，最根本地是心理上的原因。

在心理上形成这种懒散的习惯必然导致青少年在行动上的被动。比如，一些懒散的学生经常在没有完成当天作业时，找出各种理由，边玩边学，只要家长或者老师不督促，那么肯定不会自己主动去完成。还比如明明半个小时可以完成作业，却一再地拖延，反正时间还有很多，何必那么着急。这都是被动性行为的具体表现。

懒散的学生通常还有依赖别人的心理。因为懒得动脑筋，所以上课不积极发言，不主动提问，等待其他同学提出问题之后才思考一下，或是连思考都不思考，等待着别人指出解题方法。因此存在依赖心理，所以他们从来不主动学习，也不积极解决问题，形成了消极懒散的学习习惯。

另一方面，缺乏上进心也是有些孩子形成懒散作风的主要原因。上进心是前进的动力，缺少上进心的学生做事容易满足，对自己要求不高，得过且过的思想很严重，做事不求真，不求质量，常抱着"应付"的态度和"混过去就行"的不负责任的态度。所以，他们学习只是为了应付老师和家长的检查，这样怎么能勤快、积极呢？

最后，家长的过分溺爱，也是造成学生懒散心理的因素。父母对孩子的过分娇纵，大包大揽，只会使孩子从小养成"衣来伸手、饭来张口"的不劳而获的坏习惯。特别是对于如今的独生子女，都有着严重的依赖性。什么事情都要靠父母或其他人，缺少独立性，他们在家靠父母，在学校依靠老师，在社会上依靠其他人。这种依赖性导致了懒散的形成。

【给爸妈的话】

孩子没有成人那种"一寸光阴一寸金"的概念，经常有懒散、懈怠或者拖拉的现象发生，这就需要父母能够观察孩子，了解孩子，帮助孩子纠正身上懒散的恶习，培养孩子勤奋刻苦、积极向上的好品质。

（1）培养孩子的上进心，不要让孩子认为学习就是应付

没有上进心的孩子，学习自然应付敷衍，懒散懈怠。所以，父母要培养孩子的上进心，严格要求自己，懂得努力勤奋对于学习的重要性。

（2）让孩子树立时间观念，知道时间的宝贵

懒散的孩子都没有时间观念，在偷懒和拖延中浪费了大好的时间。所以，父母要让孩子树立时间观念，合理规划学习的时间，并且严格按照事先的规划行动。这样一来，每天的时间得到了充分利用，孩子就不会懒散了。

（3）为孩子制定严格的学习计划

所有各科作业都严格按老师规定的时间保质保量地完成，逐步养成主动学习、不完成作业不睡觉的习惯，改掉被动的思想。

（4）从自身做起，给孩子做好榜样

家长做到言行一致是极其重要的。父母想在孩子身上培养某种品质，首先应从自身开始，让孩子看到父母努力工作的情景，这对培养孩子的勤奋品质会非常有利。

第6章　那情感，很朦胧

——给孩子悸动的心，注入几分理性

早恋一直是父母们广泛关注的问题，也是父母们最头痛的问题。早恋，作为恋情，本无可厚非，它是一种纯洁而不带任何功利的情愫，然而过早地陷身其中，势必会影响孩子的身心发展与学习进步，因此，对青少年来说是弊大于利。那么父母怎样才能避免孩子陷入早恋的泥潭呢？我们认为，运用"以攻为防"的手段，做好预防工作是非常有效的。

1.怕孩子早恋，与其"死堵"不如去"疏"

每个人都拥有过如诗如歌的花季，这些处于青春期的少男少女们，用他们那最敏感的心灵感知着他们周围所有的美好事物，他们充满欣喜与好奇地关注着异性，他们对两性情感充满美好的向往与梦想。

有人说，早恋是一朵不结果实的花，不仅如此，早恋对青少年的学习和生活造成了很大影响，认清早恋的危害，时刻敲响警钟，对于防微杜渐，避免产生不当的恋情是很有帮助的。

高中一年级的蕊蕊，学习成绩非常优秀，聪明漂亮，乖巧好学。可最近父母却发现她的情绪有点不稳定，忽而精神恍惚，不爱说话，忽而又神采奕奕，满脸幸福的样子，而且整天神神秘秘地在房间里写日记，学习成绩也有些下滑。

父母都很着急，但由于两个人工作都很忙，一直没时间和女儿沟通。突然，妈妈发现女儿好像早恋了，因为偶然机会看到了孩子的日记：我喜欢上了我们班的一个男生，他很帅，会打篮球，而且很开朗。班上很多女同学都很喜欢他。但他好像只喜欢我，这让我很自豪，觉得在同学朋友面前很有面子。班上的同学经常议论我们俩，而且经常起哄，说我们在谈恋爱。这让我又喜又忧的。今天他居然向我表白了，我内心很矛盾。自己确实很喜欢他，但是又怕真的在一起之后影响了我们的学习，我知道爸爸妈妈对我的期望很高。可是，我还是答应了。我们就这样在一起了。我发现自己越来越喜欢他了。一分钟见不到他我就心神不宁的，感觉很想念，上课也忍不住去看他，下了课就赶紧找他去散步、聊天。

早恋，指的是未成年或者生理、心智未成熟的男女建立恋爱关系或对异性感兴趣、痴情或暗恋，一般指 18 岁以下的青少年之间发生的爱情，特别是在校的中小学生为多。

青少年早恋的发生往往具有一定的原因，这些原因往往是多方面的、复杂的，有生理和心理原因、家庭原因，也有学校原因和社会原因。中学阶段的孩子除身高和体重急剧增加外，性成熟也是其生理发育的一个显著特征，这时候的少男少女互相爱慕是一种很自然的情感流露。

通常青少年的早恋都是有先兆的，比如在学习、劳动、课外活动中有异常表现；学习成绩突然下降，上课思想不集中，经常旷课、迟到早退，甚至逃学；情绪不稳，时而春风得意，时而忧郁不已，坐立不安，心神不定；开始喜欢打扮、讲究发型、衣着，爱看言情小说，摘抄其中精彩的言情描写，哼流行歌曲等等。

一般来说，性格外向、相貌出众的青少年比较容易早恋，因为他们大多敢作敢为，敢于触犯校规，不安分守己。而且相貌出众的人，常常是大家追求的目标，尤其是漂亮的少女，时常以被男孩爱慕为荣，很快就会陷入早恋。而那些喜欢文学，爱浪漫的孩子也容易早恋，因为这些学生由于受环境熏陶，感情丰富，多愁善感，喜欢用书中、歌里的浪漫情节来类比自己的生活，效仿艺术家笔下的主人公，追求理想的爱情。

性格软弱的女孩子也容易早恋，因为她们从小娇生惯养，依赖性强，如果有男孩子给她们可依赖感和安全感，她们就会觉得有了依靠，从而陷入早恋。

同时，学习成绩差的青少年也容易早恋，因为他们心思不在学习上，从学习中无法获得乐趣，所以就会把无处打发的精力和时间转向爱情，以弥补感情上的空虚。

当然，家庭环境的影响，也会导致孩子早恋。如果孩子在家庭中缺乏温暖，生活在冷漠、压抑，甚至受辱的环境里，那么他们就会极度渴望得到别人的温暖，所以通过早恋来寄托自己的感情。比如，父母感情破裂，单亲家庭，或是父母长期不在身边的孩子都容易早恋。

早恋是青少年时期令父母头疼的问题，不仅会影响孩子的学习，还具有其他方面的危害。所以，父母应该多关心孩子，避免孩子过早地陷入爱情。

【给爸妈的话】

父母没有必要谈"早恋"色变，采用粗暴的方式制止孩子，而是应该给予孩子正确的引导。

（1）及时发现，多给孩子正确的引导

一般认为，早恋发现得越早，解决起来就越容易。早恋的孩子一般都是感情比较空虚的，或是得不到父母的关心，或是学习成绩不理想，或是多愁善感。所以父母要多关心孩子，多和孩子进行感情的沟通，从孩子的日常行为中发现早恋的苗头，给予正确的引导，让孩子知道早恋的危害。

（2）不要粗暴干涉，要用平和的心态看待早恋

早恋是青少年最初体验到的一种纯真、朦胧的感情，如果父母粗暴地干涉，认为孩子不知羞耻，那么就会严重伤害孩子的自尊，把孩子逼向极端：或是从此抑郁，不再敢谈感情；或是产生逆反心理，非要和父母对着干。

所以，父母一定要心平气和地和孩子交流，就像和朋友谈心一样，给予孩子疏导和建议。

(3) 尊重孩子,让孩子懂得把握感情的分寸

孩子的感情是单纯的,所以父母不要认为孩子早恋就是"十恶不赦"的事情,甚至说出侮辱孩子和对方的话语。正确的做法是尊重孩子,把对方当作是孩子的朋友来看待,动之以情、晓之以理,并让孩子把握感情的分寸。

事实上,虽然早恋有危险,但是不少有早恋倾向的孩子学习很好,两个人互相鼓励、促进,也考上了不错的学校。

(4) 给孩子正确的性教育

很多青少年从小没有接受过正确的性教育,所以对异性会感到好奇,从而过早地恋爱。父母要及时给孩子正确的性教育,学习一些青春期有关的知识。

2.是爱情还是友情,请你帮助孩子看分明

正处于花样年华的青少年已经开始在心中萌生出了不可名状的感情,它神秘而又圣洁,并悄然孕育于心。青春期,是儿童向成人过渡的关键时期,所以孩子们希望拓展自己的活动天地,开创自己的交际空间,以此倾诉困惑,解答疑问,于是产生了主动交友的欲望。但是很多同学在与异性交往中,往往错把友情当爱

情，从而产生了一系列的情感疑惑。

以前，小雪和小亮在同一所初中上学，虽然在不同的班级，但是也彼此熟悉，因为两人学习都非常优秀，都是学校表彰榜上的风云人物。之后，小雪和小亮都以优异的成绩考上了市里最好的重点高中，而且被分到了相同的班级，还是前后桌。

时间长了，两人逐渐熟悉起来，在各种分组的小活动中成为了搭档，一起讨论问题，回家也顺路一起走。小雪发现小亮早已不是那个不起眼的小男生了，个头高高，眉目清秀，而且乐于助人，好学上进。两人在学习的时候，也一起谈理想，谈未来，谈兴趣，谈学习。在彼此的帮助下，两人的学习成绩也有所提高。

可是，不知道从什么时候起，小亮和小雪变成了大家流言蜚语的主角，经常有同学在他们的耳旁瞎起哄，说什么两小无猜，男才女貌。慢慢地，小雪也觉得两人的关系真的有些变质了，她不知道他们之间是友情，还有真的早恋了？小雪感到很害怕，害怕他们再也不能做朋友，害怕学习受到影响，于是便慢慢地和小亮疏远了。

其实，很多时候，随着年龄的不断增长，青春期的孩子往往会把越来越多的目光定格在异性同学身上，异性同学之间互相亲近、乐于交往是青春期少男少女的正常现象，但是许多人对这种现象缺乏正确的认识。简单模仿影视作品中的青年男女的行为，谈起了"朋友"，自认为是在"谈恋爱"，其实这不过是青少年的错觉，错把友情当成了爱情。

但是，并不说友情不能发展成为爱情，友谊与爱情是有一定联系的，在特定的条件下，异性间的友谊可以成为爱情的桥梁，而爱情中也包含着友谊。可以说，最初的爱情是以友情的形成表现出来的，异性间的友谊只需再跨一步就会成为爱情。因为共同的发育生长历程，共同的爱好，共同的生活学习经历和共同的人生目标，中学时代的男孩女孩之间产生朦胧的好感是生理和心理发育过程中的正常现象。

父母应该给予孩子及时的引导，让孩子分清什么是真正的友情，什么是早恋，还要让孩子把握好分寸，和异性正常地交往。

【给爸妈的话】

孩子的情感是单纯的，很少掺杂其他的杂念和私欲，因此这种美妙的情感不是羞耻，更不是罪恶，家长们要告诫孩子不必为它感到烦恼或害怕，应该珍惜自己的感情，善待美好的情感，具体可以从以下几个方面引导：

（1）正常交往，把握好与异性交往的分寸

同学之间的交往，讨论学习，谈论兴趣爱好是非常正常的。所以，父母应该教育孩子与异性交往时，大方、自然、有礼、有度，不需要扭捏、拘束。这才是最好的交往状态。

父母可以鼓励孩子多参加集体活动，可以多找一些同学朋友一块儿玩耍，这样不仅可以得到更多的快乐，而且可以和更多的人分享信息，何乐而不为呢。但是也要教育孩子把握好与异性交往的尺度。

（2）不要因为别人的流言，而放弃友情

孩子们的友情是最真挚的，父母应该让孩子知道友情的珍贵，不要因为别人的流言而和朋友疏远。要知道，只要你举止得体，用真诚对待朋友，那么流言算不了什么！

（3）父母要让孩子分清什么是友情，什么是早恋

很多孩子由于心智不成熟，分不清什么是友情，什么是爱情，常常把友情错当成爱情。这时候，父母要及时给予孩子帮助，让他们走出迷茫。

3.暗恋是抹不去的伤，别让孩子困在网中央

青春期是孩子们情窦初开的时节，随着身体性器官的发育成熟，出于人类生殖本能的需要，孩子们不由自主地开始关注起异性。暗恋是孩子最早出现的关注异性的表现，暗恋也是青少年阶段很常见一种感情寄托方式。

离高考还有半年时间，小易突然离家出走了。这让同学们、老师和家长都非常震惊。原来，小易是班上的尖子生，是同学们崇拜的偶像，也是家长的骄傲，有望考上重点大学。可是，在这关键时刻，他为什么离家出走呢？

后来，妈妈从小易的日记中找到了原因，原来是他暗恋上了班上的一名女同学。他在日记中写道：我不愿意再在学校待下去了，这样的环境让我无法安心学习，我很痛苦。我爱上了她，可是我不敢和她说，她太优秀了。我怕耽误了两人的学习，也怕别人和父母的嘲笑。我痛苦极了，绝望极了，我不能跟人说……我知道，现在不是恋爱的时候，可是我身陷其中不能自拔，没有心思学习，没有心思做任何事情。她和同学们是不是知道了，如果是这样，我在这个学校简直没脸见人了。

就这样，小易在暗恋的痛苦中，在害怕同学知情的恐惧中，

选择了离家出走。

对于情窦初开的孩子们来说，青春期阶段的暗恋往往是他们在心中为自己编织的一个爱情梦，对于多数孩子来说，暗恋一般不会对情绪带来很大的负面影响，而且当暗恋的对象是某个学习优秀的学生或者某科的教师时，这种暗恋还可以成为学习上的一种动力。

但是有一些性格内向且过于喜欢幻想的孩子，却容易把暗恋的幻想与现实生活混淆在一起，因为分不清幻想与现实的区别，把幻想当成了现实，误以为那个被自己加诸了幻想的异性，是自己最理想的爱侣，不去表白害怕错过了最好的机会，说出口后被拒绝、害怕自己会失望，因而沉浸在暗恋的心理冲突之中不能自拔，这种痛苦往往会影响到孩子的学习状态。

青春期的孩子对他人的认知还处于表面的非本质的认识层面，当他们被一个人的外表吸引后，就会用自己的想象，把各种优秀的品质加诸在自己喜欢的那个人身上。因为他们还没有能力意识到想象与现实根本不是一回事，于是越想象越觉得对方可爱。由于青春期孩子对爱情一知半解，他们就会把这种幻想当成是爱情。而由此产生的想爱又害怕得不到的矛盾，使他们陷入了暗恋的苦恼之中。

暗恋会让孩子的心理越来越压抑，越来越矛盾，所以父母应该给予及时的心理上的帮助，缓解孩子心理上的烦恼，让他们走出暗恋。

【给爸妈的话】

暗恋只是青少年对青春期感情的自我内心体验，并不是真正的感情。所以，父母一旦发现孩子暗恋异性，就应该及时给予心理指导，避免让孩子陷入其中。

那么，发现孩子暗恋异性究竟应该怎么办呢？

（1）平时多和孩子沟通，让孩子敞开心扉

很多青少年的内心世界很封闭，不愿意向父母述说自己的感情，尤其是暗恋某个异性的时候。所以，父母要多和孩子沟通，不仅要了解孩子的学习，更要了解孩子的情感和内心世界。当孩子愿意敞开心扉，说出切身的感受以及内心的情爱，那么就不会那么痛苦了。或许他们就会正视自己的感情，这时候，父母再给予正确的引导，问题就不会那么麻烦了。

（2）让孩子明白暗恋本身不是错

父母应该让孩子知道，暗恋异性的孩子并不是坏孩子，而不暗恋异性的孩子也不一定都是好孩子。暗恋本身并没有错，只要他们自己处理妥当，就可能变成一件有积极意义的事情。当孩子一旦明白这个道理，内心就不会那么压抑、痛苦了。

而如果家长不考虑孩子的感受，一味地训斥孩子，不允许孩子暗恋，那么会给孩子造成沉重的心理负担，让孩子更加痛苦。

（3）信任孩子，让他们学会面对自己的性冲动

对孩子可能出现的性意识严加防范，或在发现孩子性爱萌动时大惊失色，这反应了家长对孩子极度的不信任，也就是不尊重孩子，不相信他们能学会面对自己的性冲动，学会处理与异性的交往。尊重孩子，家长便向孩子传达了一种可贵的信任态度，这一态度会根植于孩子内心，使他们尊重和信任自己，对自己负责，这时，父母的引导就能被接受和发挥作用。

4.孩子失恋了，就不要再雪上加霜

失恋就是失去恋人或美好的恋情，一旦失恋，人们的内心通常会有一种说不出的失落感，严重的甚至痛不欲生。而青少年的

思想孩子不成熟，承受能力较差，一旦失恋，所承受的心理打击更严重。

小薇的家庭条件非常不错，爸爸是私企老板，妈妈是医生，但是家庭关系却并不和谐，父母经常在孩子面前大吵，完全不顾及孩子的感受。这让小薇感觉自己很无助很孤独，想要逃离这个家。

从初中起班里一位较温和的男生走进了她的心里，进入高中后，两人还在一个班上，他们的关系渐渐地密切起来，常常找机会在一起玩。进入高三后，小薇为了能够和男生考上同一所学校，决定拼命地学习。可是因为基础太差的原因，她还是与大学失之交臂，看着男生拿到了大学通知书，她非常难过，因为两人注定要分开了。虽然两人约定小薇继续努力，明年在大学相见，但是她还是有些伤感。

果然，男生上了大学之后，两人的联系逐渐减少了，最终男生还提出了分手。小薇因为高考落榜和失恋的双重打击，再加上父母不停地争吵，学习更是没心思，自暴自弃。

青少年正在逐步脱离对父母的依赖，在寻找自我认同时，很容易感情过度依附，一旦感情失利，他们就会感觉前所未有的痛苦，在感情的漩涡中苦苦挣扎，在这个时期的青少年很容易把感情当作是人生中最重要的一件事情：一旦感情失败，人生的天空仿佛也失去了色彩。

所以父母要及时关注孩子的身心健康以及情感，不要让孩子陷入失恋的漩涡中，无法自拔。一旦孩子因为失恋受到打击，父母要给予孩子鼓励和支持，告诉孩子，失恋并不意味着世界末日的到来，以后的路还很长，在以后的路上还会有更好的人在等待着自己。

有些青少年还认为失恋是一件非常丢人的事情，觉得脸上无光，因此而羞辱得无地自容，从而产生了自卑心理，甚至有些青少年孩子产生了报复对方的心理。这种现象是不道德的行为，这不但对自己不利，对别人也是一种伤害。这都是因为青少年心理承受能力差所导致的。父母要教育孩子正确地面对现实，不要因为一时的感情失利，而使心理感到不平衡，甚至做出错误的决定。

众所周知，一般失恋所引起的情绪反应是痛苦与烦恼，大多数失恋的青少年都能正确地对待这种恋爱受挫现象，并能愉快地面对新的生活。然而，有一些失恋的青少年不能及时地排除这种强烈的失控情绪，从此一蹶不振，觉得自己的前途灰蒙蒙的，对眼前的所有事都不感兴趣，整天也提不起精神，情绪悲观消极到极点；还有的青少年因此而堕落，最后走上种种犯罪的道路。所以，作为家长一定给孩子正确的引导，不要斥责孩子早恋，否则只会雪上加霜。

【给爸妈的话】

那么，青少年失恋后，父母应该怎么帮助孩子走出失恋呢？

（1）理解孩子，倾听孩子的倾述

很多父母知道孩子失恋，不仅不安慰孩子，反而斥责孩子早恋。这对于孩子的心理会造成更大的打击，给孩子的痛苦雪上加霜。正确的做法是，父母应该倾听孩子的烦恼和痛苦，给予他们劝告和安慰，这样才能避免孩子走向极端。

（2）让孩子学会转移情感

孩子失恋后，父母可以帮助孩子及时适当地把情感转移到其他人、事或物上。比如，多参加各种娱乐活动，释解苦闷，陶冶性情；多交其他朋友，与朋友多沟通。

（3）告诉孩子感情是不可勉强的

爱情是两个人的事情，不可因一厢情愿而强求，应该尊重对方选择爱人的权利。父母应该让孩子鼓足勇气，迎接新的生活。正如海伦·凯勒所言："一扇幸福之门对你关闭的同时，另一扇幸福之门却在你面前洞开了。"青少年朋友们，千万不要因为失恋而一蹶不振，葬送了自己的大好前途！

5.爱情不是单一的狙击，别让孩子单恋成殇

单恋，是青少年中常见的一种心理障碍。它是指一方对另一方的以一厢情愿的倾慕与热爱为特点的畸型爱情。单恋多是一场情感误会，是青少年"爱情错觉"的产物，这只是孩子自己对方言谈举止的迷惑，或是自身的各种主观体验的影响而错误地主动涉入爱河。

刘颖上初三时，很喜欢班上那个身材纤长、皮肤白净的漂亮男孩，明明知道他学习不怎么样，性格有点怪怪的，可还是痴痴地想着他。很多次放学后故意绕远路，就是为了能和他"巧遇"。结果每次"巧遇"他连正眼都没有看她一下，刘颖无奈，只好装出一副满不在乎的样子溜之大吉。

刘颖知道自己是单恋，不会有任何结果。无数次想要结束这场单恋，但是远远地看着那张英俊的脸，心跳就会加速，整个人

就会有一种说不出的紧张和兴奋。在教室里她有意和他旁边的同学讲话，上课积极举手发言，甚至想方设法提高学习成绩，为的就是能当上学习委员后有机会去帮助他、接近他，但始终没有机会和他接触。

初中毕业了，当拿到高中录取通知书得那一刻，家里人都欢天喜地的，刘颖却怎么也高兴不起来，因为两人考入了不同的学校，以后再也见不到到他了。毕业的最后一天，刘颖鬼使神差地来到了学校，想要见他最后一面，结果人没见到，还被一场大雨淋得像只落汤鸡。这场大雨好像是刘颖单恋的结束，让她感到空前的落寂。

青少年一旦陷入单恋，即便对方没有任何反应，甚至对方还不认识他们，他们也会执着地爱对方，追求对方。甚至一些青少年会错认为对方对自己有情，陷入自己的恋爱幻想之中。

青少年由于心理尚未完全成熟，单恋现象比较常见，且较多地出现在性格内向、敏感、富于幻想、自卑感强者身上。首先是自己爱上了对方，于是也希望得到对方的爱，在这种具有弥散作用的心理支配下，就会把对方的亲切和蔼、热情大方当作是爱的表示，并坚信不已，从而陷入单恋的深渊，而不能自拔。单恋者固然会体验到一种深刻的快乐，但更多会体验到情感的痛苦，因为他们无法正常地向自己所钟爱的异性倾诉柔情，更不能感受到对方爱意的温馨。

如果从心理角度去分析，产生单恋的心理原因突出表现为以下几个方面：

首先，很多单恋的青少年都比较懦弱或是自卑，明明对对方有强烈的好感，却不敢向对方表露自己的心迹，怕遭到对方的拒绝或是嘲笑，最终只能选择单恋。

其次，很多青少年的单恋是源于崇拜心理，是原始本能地为自己的情感找寄托。比如有些青少年看待周围的异性或明星，总要和自己的心目中理想的白马王子或白雪公主相对照，如果极其相符，产生"蓦然回首，那人却在灯火阑珊处"的触动，自然而然就把对方当作自己的偶像崇拜，并且错以为这种崇拜就是爱恋。

还有些青少年对异性的特征与魅力特别敏感，追求异性的欲望急剧振荡。他们一旦爱上了对方，就希望得到对方的同样的回应，在这种具有弥补作用的心理支配下，就会把对方的亲切、热情与大方当作是爱的表示，并且坚信自己的第六感觉准确无误，从而陷入单恋的深渊，不能自拔。

因此，随着青少年生理的逐渐成熟，性知识的不断增长，女孩和男孩相互吸引是非常正常的。但是，这段时间的交往，并不一定是真正的恋爱，或许是心理的需要，希望得到别人的欣赏和赞赏。所以，青少年不要因为喜欢谁或幻想谁而感到内疚、不安，家长们也不要感到大惊小怪。

【给爸妈的话】

单恋心理的处理方法有很多，不一而足，从心理学的角度，家长不妨帮助孩子试试以下几种简便可行而又有效的心理调适法：

（1）理性看待青少年的单恋，给予孩子理解和支持

青少年的心理尚未完全成熟，单恋现象比较常见，且较多地出现在性格内向、敏感、富于幻想、自卑感强者身上。父母不要大惊小怪，否则会伤害孩子的自尊心，加重其心理负担。父母应该理性地看待孩子的单恋，给予孩子指导和帮助，避免让其掉进单恋的痛苦之中。

（2）给予孩子正确的性教育，防患于未然

孩子缺乏正确的性教育，对异性存在着好奇，所以通常会因

为错觉或是崇拜而陷入单恋之中。只要父母尽早地给予孩子正确的教育，让他们了解异性，正常地与异性沟通，就可以防范于未然。

（3）多给予孩子关爱，让孩子在温情中成长

很多早恋的孩子都是因为缺乏父母的关爱，性格比较懦弱和自卑。所以父母要多给孩子关爱，不要让孩子感到孤单寂寞，这样孩子就不会把感情寄托在异性之上。

6.同性交往过密，是同性恋还是同性依恋？

从儿童期过渡到青年期的生理和心理发育，大致要经历：两小无猜期，两性疏远期，两性爱慕期和恋爱期。但有些青少年在两性疏远期中可能有另一种自然倾向——同性依恋。因为在这一阶段，异性之间的交往和亲近最容易受到同学们的注视和非议，而同性间的接近和亲热，则显得自然和安全，这种同性的友谊也容易带有爱慕色彩，进而出现依恋情结。

琪琪今年16岁，和刚刚转到她们班的思思一见如故，好像特别投缘，有一种相见恨晚的感觉。平时在学校相互帮助，放学后也一同做作业，周末一起玩、做作业，可以说是形影不离。

以前琪琪从来没有这么要好的朋友，也很少请同学来家里玩，所以妈妈特意观察了她们的情况。发现孩子们每天谈论是话题无非是哪个明星长得帅，哪个明星长得漂亮，学校某某同学怎样怎样等，谈到高兴处还总是搂搂抱抱。

　　没过多长时间，两人的感情就非常亲密了，琪琪在家说话的时候，也三句话离不开思思。一天，爸爸出差带回来一些荔枝，她也毫不吝啬地拿出来让思思吃。妈妈想给表弟留一些，谁知琪琪不满地说："给他干什么？就这么两串，思思最爱吃荔枝了。"

　　妈妈担心两人的感情太亲密了会进一步发展，不知道该怎么办。

　　其实，女孩之间的亲密无间是非常正常的现象。这是因为，青春萌动前期的少男少女渴望友谊，同时，他们又正处于对异性的排斥阶段。在学校里，异性学生之间不能大大方方交往，出现明显的男女生分界。在与同性朋友交往中，有些女孩子渴望结识年龄稍长的，能保护、了解和爱护自己的"姐姐"，有些男孩子则愿意和见多识广的人交往，特别崇拜有创造性、有独立见解、事业有成的"哥哥"。很多学生喜欢将自己谈得来的同性伙伴称为"死党"，开始时是效仿，进而发展成为爱慕依恋。这种情结的发展在两性疏远期是十分自然的。

这种青春期的同性依恋和同性恋有着明显区别，我们绝不能把学校里的男女同性间比较要好或亲密现象一概视为不正常。正值青春期的少男少女，急切地寻找能理解自己的人，以能促膝长谈，倾吐心中的悄悄话。同时，他们又排斥异性，害怕别人怀疑的目光。

他们的亲密朋友都是心心相印、以诚相待、息息相通的同性同龄人，这是正常的现象。由于这一时期的少男少女性生理处于发育阶段，性成熟现象普遍存在，这与他们幼稚的思想意识相矛盾，朦朦胧胧的性心理促使他们通过各种盲目的手段体验性感觉，如拥抱、亲吻等等。

所以，父母对于孩子之间过于亲密的举动不要大惊小怪，但是也不能掉以轻心。因为同性之间过分地依恋，容易让孩子丧失自己的独立性和完整的人格，产生社会交往的不适应感，将自己囿于狭小的人际交往圈中。另外，如果青少年和同性关系异常密切依恋，会产生只有同性在一起玩耍交往才舒适协调的意识，到了和异性进一步交往的年龄时，可能仍然不愿意或害怕与异性交往接触。

如果父母不给予及时的引导，很可能导致孩子拒绝与异性交往，或是厌恶异性，从而形成单身主义，或是追求同性。

【给爸妈的话】

同性依恋现象对孩子的身心发展也可能会产生不利影响。面对这种情况，家长应该怎样做呢？

（1）鼓励孩子多与同学交往，夸大交友圈

孩子有亲密的朋友是非常好的，但是只有个别好朋友，可能会造成交际圈子狭小，影响孩子正常的交际。所以，父母要鼓励孩子多与同学交往，多交几个好朋友，这样不仅扩大了交友圈，孩子可以提高孩子的交际能力，适合社会的能力。

同时，孩子和更多的朋友交往，与他们共同学习、娱乐、交往，可以减少与个人的依恋感。

（2）当孩子学会独立，不要过分依赖对方

虽然同学之间关系亲密是很正常的，但是如果孩子对对方过于依恋，那么就会逐渐失去独立性，对对方越来越依赖，或是对对方言听计从。所以，父母要让孩子学会独立，以独立的心态、独立的人格来进行活动与交往。

（3）鼓励孩子与异性交往

鼓励孩子与更多同学友好交往，不要陷入两个人的狭小圈子；更要鼓励她们与异性同学建立友谊，以便发展她们的性别认同感。即便起初孩子因羞涩或者由于某些特定习惯觉得异性不好，做父母的也不应斥责或者冷眼相待，而应该鼓励孩子与异性继续交往下去，当然，和异性交往也要把握好一定的度。通过慢慢熟悉达到慢慢理解的地步。

（4）让孩子学习对方独特的品质

很多孩子对朋友的依恋，是因为朋友身上有自己缺乏的品质，比如独立、勇敢、大方等等。父母可以让孩子学习朋友身上的品质，不断地提高自己。当孩子也具有这些品质以后，你会发现，你和他的关系变得自然轻松了，同性之间的吸引也不是很强烈了。

7.注意，别让师生情，一不小心成了恋师结

校园中的青少年，除了和同学朝夕相处外，接触最多的就是老师。这些老师有学识、关心孩子，有的还年轻帅气、漂亮大方，自然很容易博得同学们的喜爱。和同龄的人比，老师们多了

一份成熟;和父母比,他们又多了一份尊严。老师在少男少女心目中占有一个特殊的位置。

初一的娇娇聪明、文静、听话,从初一开始就开始担任语文课代表。不仅如此,娇娇的其他各门功课成绩也很优秀,还很乐于助人,班主任说娇娇是老师不可多得的好助手。

但自从帅气阳光的音乐老师来了以后,娇娇似乎发生了一些微妙的变化,变得爱打扮了。以前总是梳着马尾辫,干净利落,现在却买了一个漂亮的小发夹。以前不喜欢买新衣服,现在却让妈妈买了几件漂亮的裙子。不仅如此,孩子的学习成绩也有了明显的下滑,上课爱走神、时常两眼看着窗外。更奇怪的是,以前娇娇不喜欢音乐课,现在对对音乐非常感兴趣,还买了一只长笛,经常去找新来的音乐老师学习吹长笛。

经过和班主任了解,父母发现娇娇似乎早恋了,而且早恋对方还是新来的音乐老师。这下,父母气坏了,严厉地批评了她:"你这么小就知道早恋,还暗恋老师,真是不知害臊。这样下去,学习这么办? 长大之后,你还能学好吗?"

谁知平时温顺听话的娇娇竟一反常态,涨红了小脸申辩道:"我做错什么了?我就是爱他,他是我心中的偶像。"父母大吃一

197

惊，不知道如何是好！

"恋师情结"是青少年的性生理成熟与心理发展的特殊性、自我意识水平和客观环境交互作用的产物，是处于青春期的少数青少年可能产生的一种正常的阶段性心理现象。

随着年龄的不断增长，知识和阅历的不断增加，父母在青少年眼中变得不再高大，也不再无所不知，这时父母的形象变得从未有过的渺小，他们的独立意识变得强烈，逃脱家庭、远离父母监护的愿望膨胀，渴望着能重新选择一种活法。

但是由于接触最多的就是校园中的老师，孩子们与老师朝夕相处，受到了老师们的关爱和支持，所以很容易将老师视为自己的崇拜的偶像，甚至对异性老师产生爱慕之情。虽然青少年知道这种感情不能被别人接受，但是他们仍执着地追求着，以至于不能自拔，甚至影响了学习和生活。

其实，这很大程度上与父母的家庭教育有关。因为青少年的性格形成受到了家庭教育方式、父母的爱抚、家庭氛围的影响深刻。父母的过分溺爱会造成孩子对父母的心理依赖，没有很好地完成自我成长。他们在潜意识中渴望得到父母般的关爱，对父母的爱很容易转移到关心爱护他的老师身上，并误把它当成一种爱情。青少年中出现的恋师现象，其实是恋母或恋父情结的另一种体现方式。

这种恋师现象是青少年性意识、性行为发展过程中的一种奇特现象，它会对学生的成长产生一些消极的影响，应该引起家长们的重视。

【给爸妈的话】

在与老师的接触中，很多孩子会对老师产生好感，甚至会对老师产生爱慕之情。

那么，面对这种情况，家长应该如何处理呢？

（1）尊重孩子情感，给予孩子正确合理的引导

"恋师情结"对于孩子的学习、生活，以及心理发展有很多消极影响。父母应该给予孩子正确合理的引导，让孩子分清对老师的爱慕是由于崇拜，还是错误的感觉。但是，父母千万不要过分地指责孩子，甚至是闹上学校而导致人尽皆知，否则将给孩子带来更严重的伤害。

（2）让孩子多与同龄人交往，多参加集体活动

缺乏集体交往，与同龄人沟通不畅，是促发"恋师情结"的

客观因素之一。父母可以鼓励孩子多与同龄人交往，参加丰富多彩的集体活动，比如文学社团、夏令营、科技小组等等。

(3) 让孩子尊重老师，正确看待师生情谊

师者，传道授业解惑。老师是非常受人尊重的，师生之间的情谊应该是真诚、纯洁的。虽然有些老师年纪轻，比青少年大不了几岁，但是作为学生也应该尊重老师，不要用非分的欲念和失误的行为去玷污它。所以，父母要引导孩子正确地看待师生情谊，不要把老师的关怀错看成爱情。

(4) 激发孩子的学习积极性，促使个人情感的顺利转化

家长要注意引导学生把成长过程中的这种美好情感和追求理想自我的强烈动机，迁移到更有价值的精神领域的不倦追求中去，激发学习的积极性，促使个人情感的顺利转化，使心灵和情感得以升华。从某种意义上说，在正确教育和引导下，青少年"恋师情结"的消失和转化，无异于心理的一次精神洗礼，也是青少年对自我的一次超越和重新发现。

第7章　糟糕,危机来了!

——防微杜渐,别让孩子在迷惘中走上错路

青少年时期是一个问题多发的时期,这时的孩子对社会充满了好奇,对此前未曾接触或父母禁止接触的事物,总有一种想要尝试的冲动。然而,因为心理上的不成熟,他们尚未形成正确的是非观,并不能完全正确判断自身行为的对错,再加上本身的自制力就差,一不小心就可能走上岔路。可以说这个时期,家长的引导任务非常之重。

1.让孩子明白,不是吸烟喝酒才是男子汉

喝酒伤身,吸烟也伤身。但是我们遗憾地看到,很多青少年也开始学会抽烟、喝酒,虽然学校、家长三令五申,却还是有不少青少年置若罔闻。我们经常看到,几个男孩子放学后,在网吧

中上网、打游戏、抽烟。他们觉得抽烟喝酒没有什么大不了的，好像是不会抽烟喝酒，就无法变得成熟。

方宇的性格比较内向，因此朋友也比较少。方宇内心里十分渴望交到很多的朋友，使自己成为一个受到更多人欢迎的人。有一天，方宇去参加一个朋友的生日聚会。当时有很多的同学都在，而且还都端着酒杯，一副很自然的样子。这时候，一个朋友拿着酒瓶来到赵雨旁边，准备往他杯子里面倒酒。

方宇忙掩着杯子说："我不会，我不能喝酒……"

倒酒的朋友瞪了他一眼，说："你不喝，可就是不给我面子!"

旁边的同学也纷纷劝他说："大家都在喝，你一个人不喝多不好。"

"不会喝没关系，喝一次以后就会了嘛。"

方宇不知道该如何拒绝他们，最后杯子终于被满上了酒，大家碰杯的时候，他也被迫站起来，碰过杯，喝了一口，辣得眼泪都流出来了……

后来，有一天下午放学的路上，方宇和一个同学一起回家，那名同学神秘兮兮地拿出一根香烟，给方宇看了看，然后动作很熟练地点燃，抽了起来。方宇看他陶醉的样子，问他是什么感觉。那名同学只笑笑了笑，什么也不说。

回家后，方宇也偷偷地从父亲的烟盒里面拿出一根来，叼在嘴上。在犹豫了片刻后，方宇对自己说："我就抽一根，感觉一下，不会上瘾的。"第一次除了呛得难受，没找到什么感觉，于是第二天，他又手痒，又去偷了一根来。过了不久，方宇发现，自己竟然哪天不抽就觉得有点不舒服了。

其实现在不仅仅是男孩子，一些女孩子也开始吸烟和喝酒，并且女孩子吸烟和喝酒的概率，正悄然迅速地增长着。

造成这一情况出现的原因有很多，主要是受好奇心理、精神空虚、追求时尚、叛逆心理、渴望被关注等心理因素影响而造成的。

尤其青少年具有强烈的好奇心，想要了解自己没有接触的新世界、新事物。所以，他们对于大人吸烟喝酒的做法产生了兴趣，他们认为自己要向成熟的方向发展，就应该学成年人的一举一动，像成年人一样亲身体验一下吸烟时悠游自在、吞云吐雾的感觉，也喜欢像成年人一样，喝酒浇愁。

还有些青少年在生活中遇到了一些问题，或是父母关系紧张，家庭关系不和；或是成绩下降，考试失利；或是感情方面遇到了问题，遭到了喜欢女孩的拒绝等等。这些问题让他们感到烦躁，心里空虚。于是，为了寻找安慰、排遣烦恼，一些青少年就会想借助吸烟、酗酒来麻醉自己。而我们知道，中学生的学习任务是非常重的，学习紧张，父母望子成龙，这给孩子们的心理增加了无数压力，所以，为了需求心灵的释放，缓解内心的压力，他们希望能够借烟酒来释放。

另外，在很多青少年的眼里，抽烟喝酒是一件很酷、很时尚的事情，许多青少年为了追求前卫，标榜自己的前卫行为，选择与怪异行为为伍，选择吸烟、喝酒。他们认为这就是时髦、气派，就是酷，是高档消费和富有的象征，于是就这样就形成了吸烟喝酒的不良的嗜好。

同样，处于青少年时期，孩子很容易产生叛逆的心理，而产生这种心理的原因来自多方面，如父母离异、家庭关系紧张、学习压力大、师生关系不好、中高考受挫等，种种不顺心的事引起精神苦闷，情绪低落，试图以各种方法来麻痹自己。

此外，青少年的社交圈和媒体也会对青少年吸烟喝酒的行为产生一定的影响。由于现在的媒体很发达，一些影视作品对青少年的影响非常大，大量吸烟、酗酒的镜头，即使不会直接诱导他们学会不良嗜好，也会让他们对这些不良嗜好没有排斥感，从而影响青少年的身心健康；由于青少年身心发育尚未成熟，对任何事物都存在强烈的好奇和探索欲望，缺乏辨别是非的能力，如果交上损友，就会在好奇心的驱使下而做出不理智的事；有些青少年虽然明知道抽烟喝酒不好，但是存在着侥幸心理；一些青少年则只是在无聊、烦闷的时候，希望借由抽烟喝酒来提提神，结果时间长了，自然而然地养成了这种坏习惯。

从行为上讲，青少年烟酒成瘾，可以引起思维过程的严重退化和智力动能的严重损伤，严重者会出现思维中断、记忆检索障碍等症状。由于运动机能失调，人际交往、言语感觉和理解能力方面的退化，青少年在运动行为、人际交往，求学就业方面也将受到严重影响，做出不负责任的，甚至是反社会的行为。因此无论是家庭，还是青少年个人，都应对此有正确的认识。

重要的是，青少年抽烟喝酒对于身心都会造成不良影响。因为青少年正在成长发育，心理和身体发育尚未成熟，所以抽烟喝酒所带来的心理、生理的不良影响比成年人更严重。

【给爸妈的话】

青少年吸烟喝酒，这对其健康的影响是巨大的。身为父母，应该帮助孩子远离烟酒，保持健康。那么，父母如何才能让孩子戒掉这种不良的习惯呢？

（1）帮助孩子认识到烟酒的危害

青少年时期的孩子由于心智尚未完全发育成熟，因此对事物的认知难免会有偏差。在吸烟喝酒这方面，青少年可能对烟酒的危害性认识不够，如果能充分认识，一般来说会主动戒烟戒酒。

（2）帮孩子建立戒烟戒酒的决心

帮孩子戒烟戒酒并不像成年人那么困难，因为孩子吸烟喝酒的时间并不太长，量也不可能太多，不会成瘾。青少年戒烟酒主要是戒心理作用，只要坚决地拒绝抽烟喝酒，是可以也是比较容易戒掉的。

（3）减轻孩子的压力

孩子之所以抽烟喝酒，一个很重要的原因是学习、生活的压力过大，而父母又很少去倾听孩子的心声，因此孩子只有把释放压力的希望寄托在烟酒上。所以父母不要给孩子太大的压力，而且要经常与孩子谈心，以免孩子因压力过大而染上抽烟喝酒的不良习惯。

(4) 要切断使孩子染上吸烟坏习惯的污染源

家长要引导孩子多参加社会上的有益活动，掌握他们在社会上活动的时间和内容，防止他们和社会上吸烟伙伴的经常来往。还要取得学校领导、老师和同学的配合，经常查询孩子是否有吸烟迹象，实行共同监督。

(5) 家长要以身作则，不吸烟或戒烟

大多数孩子之所以吸烟喝酒是和父母的烟酒分不开的。每一位父母都需要认识到，吸烟喝酒确实对健康有很大危害，并且为孩子们做好良好的榜样。父母应该给孩子营造一个良好环境，用自己良好的生活习惯去影响孩子。这样一来，青少年就再也找不到抽烟喝酒的借口，并会在家长的潜移默化下，逐渐改掉抽烟喝酒的坏习惯。

2.心疼！孩子自残，咱们如何心理干预？

自残是指刻意地伤害自己的行为，也就说自残是一种主动行为，是自己有意识地以某种方式来伤害自己的身体。一般来说，青少年自残是因为内心有苦痛无法发泄，为了寻求心理上的平衡或是安慰，便用这种极端的方式来减轻情感的痛苦和内心的压力。

佳佳今年 15 岁，刚刚上初中三年级，由于初三学习任务重，时间紧，还关系到是否考中理想学校的问题，所以父母对孩子严厉了些，时常督促佳佳好好学习，也禁止他周末出去玩。这激起了孩子的不满心理，不仅不积极学习，反而开始懈怠懒惰，一心想要出去玩。他总是抱怨地说："我不是罪犯，你们总是不让我出去，我感觉自己就是罪犯。""你们整天就知道让我学习，难道不知道我压力太大了吗？我现在已经长大了，自己想干什么就干什么，你们没有权力干涉。"

他是这样说的也是这样做的，每天上课不学习，放学也不回家，一般都是玩到七八点才回家。看到佳佳如此叛逆，父母非常生气，严厉地说："我们不是为你好吗？之前你怎么玩，我们都没有管太多，现在是关键时刻，你不好好学习，怎么考上重点高中，怎么有前途？"可是佳佳还是不服气，和父母发生了激烈的争吵，爸爸一气之下狠狠地打了他一顿。

没想到，佳佳竟然激动地说："既然你们不给我任何自由，那么我就死给你们看！"说完，他就跑到了厨房，拿起刀子往自己的胳膊上割了一下，伤口很深，留了很多血。父母当时吓坏了，赶紧把孩子送到了医院，可是佳佳却看着自己的手臂，说："我怎么感觉不到疼呢？"

佳佳父母感到迷惑了，现在孩子怎么这么狠心呢？竟然敢以自残来威胁家长？这以后怎么管教孩子呢？

事例中的佳佳，由于父母只关心孩子的学习，限制了孩子的自由，并且给他加大压力，导致孩子的不满和抱怨。当孩子提出不满的时候，父母不仅没有改变自己的方法，反而运用家长的身份粗暴地压制孩子，所以佳佳在沟通无效的情况下，才会选择自残来发泄内心的怒愤和对父母的不满。

同时，青少年生理和心理发展还不健全，会受到同学、学校、家庭等多方面的影响。他们认为自己已经长大了，完全可以处理自己的事情，有了自己的自由和自主权，想要展示自己成熟和独立的一面。如果父母不信任自己，或过分地压制自己的话，他们的内心就会陷入矛盾之中，内心承受巨大的心理压力，从而产生了自残的倾向。

除此之外，青少年自残还由于以下几个原因造成的：

(1) 青少年敏感、情绪化严重

很多青少年性格和心理存在着一定的缺陷，比如有些孩子敏感易怒，严重地情绪化，一点点事情就会导致情绪失控。还有些孩子好胜心强，什么都想要争第一，以我为尊，一旦遭遇了失败和挫折就无法承受。如果这些孩子找不到正确的发泄方式，心中的郁闷和压力无法释放，就会选择自残来释放。

(2) 家庭环境的影响

家庭环境对孩子的影响是非常大的。比如家庭关系紧张，父母经常吵架，或是父母离异，单亲家庭的孩子，或是长期和祖父母生活在一起的留守孩子。这些孩子平时很少得到父母的关心和爱护，心中严重缺乏爱，性格内向、自卑，遇到问题无法解决的时候，就容易用自残来逃避问题。

同时，如果父母对孩子的期望过高，给孩子巨大的心理压力。一旦孩子无法满足自己的期待，就会采用简单粗暴的方式来教育孩子，说孩子"不争气""太笨了""没出息"。那么孩子的内心就会非常压抑，或是产生逆反心理，或是用自残来释放自己的压力。

(3) 青少年自残和大脑中多巴胺含量的缺乏也有很大关系

有时候，青少年自残并不是自愿的主动的，而是和生理问题有关。如果孩子他们大脑中多巴胺含量较少，就没有办法发泄自己的愤怒，只能用自残来释放自己的情绪。因为多巴胺是激发人情感的，含量越高，人们的情感越丰富，越容易释放。含量低的话，青少年就无法释放自己的愤怒。

(4) 青少年有潜在的心理疾病

由于现在青少年有学习、生活等多方面的压力，所以或多或少地存在着潜在的心理疾病，比如抑郁症、孤独症、恐惧症、强迫症等等。在遇到压力时，孩子无法和别人正常地沟通，就会用自残的方式来应对。

当然，还有很多青少年会模仿同伴，或是电视内的画面来自残。

总之，自残行为对于孩子身体和心理发展都有极大的危害，父母应该多关心孩子，观察其是否有潜在的自残倾向。同时父母也要改善自己的家庭教育，多和孩子沟通交流，让孩子释放内心的苦恼，这样孩子才能健康地成长。

【给爸妈的话】

孩子自残，父母常常会不知所措，其实只要父母多尊重孩子、多和孩子交流，引导孩子排解过激情绪，那么孩子就不会做出出格的行为了。

父母们可以做到以下几点，来防止青春期孩子们的自残行为：

（1）多给男孩自由和尊重，引导他排解过激情绪

青少年身心发展还不成熟，是家庭中的弱势群体。他们在渴望独立自由的同时，也非常渴望得到父母的关爱、尊重，得到老师的重视、同学的友谊或者异性的青睐。这时候，孩子们身心正处于"断乳期"，自我意识膨胀，认为自己已经是大人了。如果父母没有注意孩子身心的变化，依旧端着家长的身份，居高临下地和孩子沟通，采用简单粗暴的教育方式，那么只会让孩子产生叛逆心理，采用过激的行为来反抗父母。

所以，父母应该多给这些孩子一些尊重和自由，以平等的方式进行沟通，这样才能引导他们排解内心的过激情绪，才能避免自残行为的发生。

（2）了解青少年自残的原因，然后帮助孩子解决问题

孩子自残可能是由很多原因造成的，如果孩子比较情绪化，

那么父母就应该让孩子学会自控，控制自己的情绪。父母可以教育孩子多读读书、听听音乐，这些都容易让孩子心态平和冷静。

如果孩子自残是因为缺乏父母关爱，那么父母就应该多关心孩子，多陪陪孩子，不要在孩子面前争吵。当孩子拥有温暖的家庭时，内心的抑郁就会减轻，就不会自残了。

一旦父母发现孩子还有抑郁症、孤独症等心理疾病的倾向，一定要及时带孩子就医，带孩子走出心灵的困扰。

(3) 培养孩子的乐观心态

消极心态是孩子自残的根本原因，所以父母要培养孩子的乐观心态，凡事多往好的方面着想。这样，孩子遇到问题就不会钻牛角尖，就不会有过激的思想，从而做出自残这种过激的行为。

(4) 让孩子合理地发泄内心的情绪

当孩子内心的不满、恐惧、孤独无从发泄的时候，就会选择自残来释放自己。所以，父母要给孩子以正确引导，让他们寻找正确的方式来发泄自己的情绪。比如可以疯狂地跑跑步，到室外大声地喊一喊，踢一场足球。

现在有很多供人们发泄情绪的场所，人们可以通过砸东西、打拳来发泄自己的情绪。家长不妨带孩子到这样的场所发泄发泄。但是，注意不要让孩子随意砸家中的东西，也不要让孩子随意找人打架，否则就会让孩子形成暴力行为。

3.孩子的追星行为，引导好了也是好事

十几岁的孩子，总是很迷恋那些光鲜靓丽的明星，把他们的海报贴在卧室里。父母看到时，总想说上孩子几句，生怕孩子从此堕落。其实，孩子追星并不见得是那么可怕的事情，父母不必因此就干涉他，否则反而会激起他的反抗情绪，认为自己没有自由。

随着 TFboys 的成名，越来越多的孩子喜欢上这三个乖巧帅气的男生。其中，14 岁的林晓丽也是一个疯狂粉丝，屋里贴满了海报，加入了粉丝会，每场表演都不错过。

妈妈看到她这个样子，不由有些愤怒，骂道："你这个孩子，年纪轻轻地就学会追星了，耽误了学习，以后能成就什么事业！"说完，她撕下了海报，还把那些杂志海报扔进了垃圾桶。妈妈以为这样孩子就可以安心学习，而不是胡思乱想了。

可是，这无疑激怒了孩子，林晓丽激动地说："你怎么这么不讲理，干涉我的生活。就是喜欢 TFboys，他们阳光帅气，有才华，虽然是明星，可是学习也没有耽误。我喜欢他们有什么错？

难道你在年轻的时候,就没有喜欢过任何一个明星么?"

孩子说得没错,每个人在青少年时期都有喜欢和崇拜的明星,不管是歌星、影星,还是球星。其实,青少年崇拜偶像、追逐偶像,为自己找到了先锋前卫的引领者,自我也得到了认同感。对于这点,本身是无可或非的。在明星的身上,总会有一种特别的魅力吸引着孩子的目光,让他们对明星产生了一种崇拜之情。所以,孩子追星可以说是非常正常的。

这是因为,青少年非常想要在心理上获得独立,追求探索新的榜样。他们会模仿他人的价值观、生活方式,并试图寻找真正的自己。在这个过程中,他们的心中会模拟出自己偶像化现象,这一形象可能是父母、长辈,也可能是某个明星。而这时,最醒目的、最吸引他眼光的就是明星了,所以孩子们把他看成了自己的偶像。

另一方面,进入青春期的孩子,一面要迎接心理的困惑,一面还要迎接沉重的学习负担,这让他们的生活不禁有些匆忙,有些枯燥。在这种生活状态下,他们寻找快乐的本性,就在有限的自由时间里投向了明星创造的娱乐天地,从中得到暂时的安慰。

也许在孩子的心中,球星的某个动作是那么潇洒,这让他感到了一种酣畅淋漓，长久以来的压抑一扫而空；歌星的歌声唱出了他们心中的热爱、喜悦、活力、困惑孤独和忧伤，会帮助自己宣泄欲望，放松情绪。

所以说，虽然现在有些极端的追星族，做出了一些超出理智的行为，或是疯狂地追着明星的车子，或是因为看演唱会耽误了学习或工作。但是并不是所有的青少年都是如此，孩子追星不过是释放压力的一种方式。

总之，对待孩子的追星行为，只要不影响学业和生活，不做出极端的行为，父母就应该给予理解，不要过分地干涉。否则，反而会便孩子的追星行为转入地下，甚至是发生激烈的矛盾，让孩子和自己越来越疏远。

【给爸妈的话】

青少年都有崇拜的偶像，或许这个偶像只是某个明星罢了。所以，父母不要干涉孩子的追星，而是应该给孩子适当的引导，这样才不会让孩子耽误学习，才不会做出极端的行为。

（1）引导孩子理智地追星

当孩子有了喜欢的明星，父母不要因此就恼怒不已，继而采取强硬阻止的态度。要明白，青少年总有一种孤独感，追星可以让他找到寄托，找到幸福感，一些积极向上的明星还可以给孩子正确的引导。

所以，父母应该引导孩子理智地追求，收藏的几明星照贴在床头，听明星演唱的唱片，看明星的比赛，都是可以理解的行为。但是千万不要让孩子模仿那些疯狂的粉丝，做出不理智的行为。

(2) 让孩子知道明星的成功也是通过努力得来的

很多人看到了明星光新亮丽的一面，却忽视了其背后的努力。父母还应当让孩子明白，明星的成功，是经过不断努力得来的。这样一来，孩子就会从明星的身上感受到一种激励，促进他向明星学习，提高自身素质与能力。

(3) 不要给孩子过多压力

孩子喜欢明星其实并不见得是坏事，这可以让孩子在繁重的学习中，或是极大的压力中得到心理慰藉和情绪释放。而超负荷的学业与成绩带来的压力，很可能让孩子做出极端的事，比如离家出走，自杀等等。所以，父母不要给孩子过大的压力，更不要因为孩子追星而严加斥责。

4.纠正暴力倾向，别让孩子成为小霸王

青少年暴力，是全世界都头疼的问题。青少年时期被心理学家霍尔称为"疾风骤雨期"，是国际公认的危险年龄。有人还将青少年犯罪与环境污染、吸毒贩毒并列为"世界三大公害"。近年来，青少年暴力犯罪现象在全球也在日趋增加。

君君上初中后，妈妈以为自己从此之后就省心了，因为孩子可能不再淘气捣蛋了，会成熟很多。可是，没过多久，她就感觉到，孩子的闯祸能力好像是加强了。

家长会上，班主任向妈妈反省：虽然军军在课堂上的反应和接受新知识的速度都比较快，但开学以来，他已经和同学打了三次架。"这个孩子有点暴力倾向，你们家长可要好好管教他。"

班主任的话让妈妈很头疼，于是，回到家后，妈妈严厉地批评了孩子一顿，勒令他以后再也不许打架，还罚他连续两个周末不能出门玩。虽然于此之后君君老实了很多，可是没多久，又发生了打架的事件，妈妈也班主任请到了学校，还得向被打的同学家长道歉。

妈妈非常不解，"虽然君君从小精力旺盛、好奇心强，虽调皮捣蛋，可从来没有出现过暴力行为。为什么一到初中，便有了

暴力倾向了呢?"

青少年的暴力倾向的确是一个不容忽视的社会问题,在他们的暴力行为里,我们可以看到对别人及自己生命的漠视。孩子有暴力倾向,有自身精力旺盛的原因,但最重要的原因就是受到了外界环境和家庭氛围的影响。

首先是外界环境的影响,现在书刊杂志、音像制品、电子游戏等充满了暴力画面,打架、斗殴,血腥充斥着孩子的眼球和神经。比如,现在80%的网络游戏都与残暴的战争及对射场面有关,在电脑暴力游戏里,孩子以杀人为乐,杀戮越凶越多,则成绩越佳。

从心理学角度讲,电子游戏有着特有的行为强化机制,可使成瘾行为不断强化。操作电脑游戏,可使孩子认为自己在斗智斗勇中战胜了对手,使他们产生一种精神上的满足,从而深陷其中难以自拔。而虚拟化的暴力会逐渐渗入孩子的头脑,形成一种潜意识。这种潜意识虽然平时潜伏在孩子的头脑中,受理智的控制。而一旦孩子感觉烦躁、受辱、被虐时,这种从网络游戏中迁移培植起来的暴力倾向就容易从潜意识中"激发"出来,对管理、干涉他们的人施以同样的暴力。

另外，有些单亲家庭，或者是留守家庭的青少年由于长期缺少父母的管理和教育，没有接受良好的教育，沾染了很多不好的习气；还有些家庭父母关系不好，时常发生激烈的争吵，甚至在孩子面前大打出手，这些都是孩子有暴力倾向的原因。

孩子有暴力倾向心理，不仅会伤害到自己和别人的身体健康，还对于自己身心有严重的危害，如果父母给予正确的引导，很可能让孩子犯更严重的错误，走上犯罪的道路。

【给爸妈的话】

孩子有暴力倾向心理，会影响日后与他人的正常交往，出现人际关系紧张等，阻碍其一生的发展；同时会引起一系列的社会问题，如影响社会治安、提高犯罪率等。所以父母应该给孩子营造良好的成长环境，让孩子健康快乐地生长。

（1）多和孩子沟通，让孩子合理地发泄精力

很多孩子有暴力倾向，是因为精力过剩，有过多的精力无处发泄。这时候，父母要和孩子多沟通，强化孩子的正面行为，为他提供发泄精力的途径。比如，孩子如果喜欢体育运动，父母可以多带孩子远足或参加各类体育活动，找到正常的体能和情感宣泄渠道。

（2）让孩子远离有暴力画面的电视、游戏、杂志

电视、游戏对孩子的影响是非常大的，很多孩子的暴力倾向都是从电视、游戏中学到的。父母应该让孩子多看正面积极的电视，远离不良游戏。

（3）教孩子控制情绪，增强自我约束能力

多数青少年打架都是因为一时冲动，无法控制自己的情绪和行为，所以家长应该帮助孩子逐步战胜情感刺激，让孩子学会忍耐宽容，加强自我约束力和控制情绪的能力。

而且合作精神也有利于孩子远离暴力，所以父母应该鼓励孩子多参加集体活动，加强与别人的友好合作。

（4）让孩子明白暴力的危害性

很多青少年由于一时冲动打架，而闯下了不可挽回的错，走上了犯罪道路。所以父母要给孩子适当的法制教育，让他明白暴力的危害性。如此，孩子才不会一言不合就动手，简单粗暴地用无力解决问题。

5.今天的顺手牵羊，管不好就是偷盗成瘾

在青少年中，时常会发生随便拿别人东西的现象，这是因为

青少年的心智发育还不完全，对事物的认识还有偏颇，自制能力不是很强。当他们看到自己喜欢或是感兴趣的东西时，往往会据为己有，不管这东西是自己家的，还是属于别人的。那么，青少年是否有意地偷盗呢？答案是否定的。

事实上，青少年也知道这种行为是错误的，但是由于他们对这种错误的认识还不够透彻，又没有足够的自制能力，从而发生了这种顺手牵羊的行为。

班主任有一枚非常漂亮的纪念币，雷鸣在一个偶然机会看到也非常喜欢，于是想借来看看，可这枚纪念币对老师来说有特殊的纪念意义，所以老师就拒绝了雷鸣的要求。可雷鸣对这枚纪念币仍然念念不忘，总想着借来看看。一次，雷鸣看到老师把纪念币放到了办公桌里，而且并没有锁上抽屉。雷鸣抑制不住心中的冲动，就偷偷地把这枚纪念币拿走了。

很快，老师就发现纪念币不见了，询问是不是有同学拿走了。可是，所有人都说没有看见。不过，有一个同学说看见雷鸣午休时去了趟教师办公室。老师找到雷鸣，问他是否看见了那枚纪念币。雷鸣立即否认了，后经老师耐心地教育，他最后承认是自己拿走了，放在家中褥子底下了。雷鸣说，自己并不是想要拿老师的东西，只是想看看它有什么特别的。

后来，在一次班会上，老师结合此事对学生进行了教育，提醒孩子们不能随便拿人东西。雷鸣的母亲知道此事后找老师说，我们孩子没有拿别人东西的毛病，对这枚纪念币他只是喜欢，拿回家玩玩。雷鸣的母亲毫无原则的袒护和姑息，致使雷鸣没有认识到随便拿别人东西的错误，后来逐渐养成了小偷小摸的不良习惯，只要觉得别人的东西好，就想方设法地顺手牵羊。

青少年正处于心智不成熟的时期，容易犯大大小小的错误，而小偷小摸的习惯是最令父母担心的。俗话说，"小时偷针，大时偷金"，在父母的眼里，管不好的话，孩子就将犯下大错，最终走上犯罪的道路。

事实上，青少年的偷窃行为并不像父母所认为的那样严重，它与成人的偷窃是不相同的。成人偷盗，都是有明确的损人利己的目的，是在已经明确的意识到会对别人造有损失的情况下进行的一种行为。青少年则不一样，他们的"偷盗"动机只是自己喜欢，并没有意识到问题的严重性和可能给别人造成的损失，他们也许知道这么做不对，但没有完全明白这么做为什么不对。因此只要父母及时给予孩子正确的教育，让青少年意识到问题的严重性，那么这种情况是完全可以得到解决的。

在实际生活当里，青少年偷盗现象中比较普遍、同时也比较严重的就是偷家里的钱。究其原因，一方面是有的家长对孩子管得过分严格，当孩子看到别人都有的东西而自己没有，看到别人吃零食自己嘴馋而家长不满足自己时，就去拿家里面的钱来满足自己的需求。往往这时候，孩子对拿家长的钱花觉得无所谓，反正是自家的钱。一方面是部分家长钱到处乱放没有一定的规矩，而对自己的钱数或东西又心中无数，孩子拿钱花了，家长也不知道，久而久之孩子养成了习惯。还有的是孩子受不良影响，虚荣心强，从家里偷钱买东西给大家分摆阔气。

虽然青少年偷盗和成人偷盗有本质上的区别，但父母对此是不应该掉以轻心的。毕竟，孩子随便乱拿别人东西都是一种不良的坏习惯。如果发现孩子平时有小偷小摸的习惯，必须加以重视，帮其改正。小的错误不及时纠正，错误严重了再改就难了。就像上面例子中，雷鸣在老师的教育下本来认识到了偷拿老师的纪念币是一种错误的行为，可是雷鸣的家长对他的祖护和姑息迁就，结果雷鸣小偷小摸的行为不但没有得到改正，而且造成了他接二连三地偷拿同学东西的现象。

所以，当父母发现孩子随便拿家里的钱偷着去花时，家长要告诉孩子这是不良行为，如果需要可以讲明情况，征得父亲或母亲的允许。别人的东西不可随便乱拿，如是喜欢，经过人家允许才可以动，看完后主动还给人家，不可以偷偷地带回家。当孩子把别人的东西拿回家时，家长要耐心询问，带着孩子把东西及时给人家送回去，并向人家道歉，让孩子懂得知错就改。这样孩子小偷小摸的毛病就会逐渐改掉了。青少年小偷小摸的行为习惯一旦养成，将来走上社会，很有可能就此走上犯罪的道路，其后果是不堪设想的。因此，每位家长都不能忽视孩子身上的这一缺点。

对于孩子的不良行为，最忌讳的就是家长包庇、袒护。有些父母觉得孩子偷拿别人东西虽说是件不光彩的事，为了顾及自己的面子，便采取极不冷静的护短做法，这是有百害无一利的。当孩子看到家长对自己的错误如此包庇、袒护，会更加助长孩子的不良习气，不利于其健康发展。在教育孩子方面，家庭教育和学校教育必须相互协调，密切配合，保持一致。如果各吹各的号，各唱各的调，教育效果就会大打折扣，甚至起到相反的作用。这就需要家长与学校和老师保持联系，出现问题找老师沟通，不要怕丢自己的面子而庇护孩子的短处。家长护短，不仅不利于孩子改正错误，还会在其心灵上制造混乱，埋下隐患。

此外，父母还要对孩子进行法律常识教育，增强孩子的法律意识。父母要让孩子明白哪些是违法行为，会造成什么样的后果。孩子只有懂得了社会规范，才会逐渐增强法制观念，才不至于去做违法的事情。

【给爸妈的话】

对于青少年的偷窃行为，父母首先要为注意孩子的不良苗头，防患于未然。父母平时应该多观察孩子的表现，如果发现孩子情绪反常，忧心忡忡，花钱大手大脚，或是零花钱来路不明，那么就应该及时了解情况，问明钱或东西的来路，让孩子知道这种行为是错误的，预防孩子走上邪路。

而一旦孩子已经有了偷窃的行为，甚至已经成为了一种习惯的话，父母应该做到：

（1）要教育孩子勇于承认错误

每个人都有犯错误的时候，青少年的心智还不成熟，更容易犯错误。所以，家长们要让孩子知道自己的行为是错误的，教会孩子敢于承认错误，积极改正错误，这样孩子才不会一错再错。

当家长发现孩子有偷窃行为的时候，一定要及时将物品归还物主，并且教育孩子敢于承认错误，积极向物主赔礼道歉。父母千万不要纵容和包庇孩子，更不要让孩子存在侥幸心理，否则就是害了孩子。

（2）及时了解孩子的生活情况，将不良行为扼杀在萌芽

父母要了解掌握孩子的动向，把孩子再次偷窃的行为扼制在萌芽阶段，千万不能放任不管，听之任之。如果父母发现孩子手里的物品不属于自己，一定要弄清楚来龙去脉，并教育鼓励孩子将物品归还原主；同时要当父母喜欢某件物品的时候，父母尽量满足孩子的正常需要，不要让孩子因为喜欢某件东西而顺手牵羊。

（3）给予孩子正确的引导，不要包庇纵容孩子，也不要简单粗暴地教育

父母在面对孩子的偷窃行为时，不要包庇和纵容孩子，否则孩子就会一再地犯错，最终简单地顺手牵羊，发展为偷盗成瘾，最终走上犯罪的道路。

但是，父母也不要表现得过于愤怒、失望和吃惊，采取简单粗暴的方法教育孩子，或是打骂，或是给孩子贴上“小偷”的标签。这样会严重地伤害孩子的自尊心，或是激起孩子的逆反心理。

这个时候，孩子父母要做的就是正确引导和说服孩子，帮助他杜绝偷窃的行为。比如你确定孩子从你的皮夹里偷了钱，最好不要用提问的方式问这件事，而是告诉他："你从我的皮夹里拿了一块钱，我希望你还给我。"当钱被还回来时，大人应该跟孩子说："如果你需要钱，可以问我要，我们可以商量的。"如果孩子否认拿了钱，不要和孩子争论，也不要恳求他坦白，而应该说："你知道我已经知道了，你必须把钱还来。"如果钱已经花了，那么谈话的内容应该集中在偿还的方式上，比如做家务，或者在零花钱当中扣。

（4）管理好自己的物品和金钱，不给孩子诱发偷窃机会

很多家长在家中随意丢放自己的钱包和贵重物品，孩子想用钱就随便拿，想玩贵重物品也不和父母打招呼。这样的家庭环境给孩子营造了诱发顺手牵羊的环境和机会。所以，父母不要随便乱放零钱、钱包等；到别人家或是公共场合时，要提醒孩子把玩过的东西随手放下。

6.循序善游，让孩子远离网瘾、电视瘾

随着科技的发展，网络的发达，电视、网络成为了孩子生活

中不可或缺的组成部分。虽然孩子们可以通过电视网络了解社会上很多新奇的事物,了解世界,开阔自己的眼界,但是如果孩子们没有控制能力,掌握不了看电视、上网游戏的时间,那么就会对学习、生活造成很大的影响。

健健的成绩一直非常优秀,每次考试都是班级的前三名,在老师的眼里,考入重点高中绝对没有问题。可是,最近孩子却迷上了网络游戏,以往,健健放学回到家里,会主动温习功课,可是现在健健回家后把书包往床上一扔,什么事都顾不上做,先打开电脑玩游戏。有时,吃饭睡觉都要妈妈催好几遍才行。

随着孩子越来越着迷,成绩下滑非常厉害,每天上课的时候都在想着玩游戏。尽管父母多次批评劝导,也没有什么效果。看着一向成绩优秀的孩子,因为沉迷游戏而成绩一落千丈,健健的父母一时之间也不知道该怎么办了!

青少年之所以喜欢看电视,喜欢网络游戏,是因为他们有着天然的、自发的积极探索外部世界的心理倾向。面对新事物趋之若鹜。而电视节目、上网聊天、网游则是青少年获得知识的一种途径。青少年的心理不成熟,对一些不健康的网站和游戏常常抱着好奇心看看,结果一发而不可收拾,沉溺于其中。

另外，现在孩子的学习压力非常大，功课非常繁重，导致孩子精神长期紧张。在人际交往中经常出现阻碍与困惑。另外孩子和父母之间也常常缺乏交流。这些都导致青少年处于一种生理和心理苦恼期，长期受压抑需要一条途径加以宣泄。所以，孩子们通常会选择电视、网络来满足自己，释放自己的情绪、发泄自己的不满。

然而，青少年长时间看电视上网，会对身心有很大的危害，这会使孩子大脑皮层兴奋性逐渐降低，脑电图发生变化，时间长了还容易对脊椎有害。另外，青少年的世界观、价值观尚未成熟，电视中常有一些青少年不宜看的镜头，污染孩子的精神世界，腐蚀他们的心灵，影响他们健康成长。

具体来说，首先是影响学习。这样的孩子会把学习之余的所有时间用于看电视，甚至为了某一电视节目而耽误写作业。长此以往，还可能会引发孩子为自己没完成作业找理由、说谎等不良习惯。当孩子沉迷于电视和网络游戏的时候，就没有心思学习了，上课下课、吃饭睡觉都想着电视游戏，导致精神紧张，意志消沉，好像上了瘾一样。

其次是因为电视、网络等节目中也有一些不健康的内容，如言情片和暴力片都会引起孩子模仿的欲望，孩子易受这种不良因素的影响。首先会使他们迷失于虚拟世界，自我封闭，与现实世界产生隔阂，不愿与人面对面交往。久而久之，会影响青少年正常的认知、情感和心理定位。还可能导致其人格的分裂，不利于青少年的健康人格和正确人生观的塑造。其次，迷恋网络还可能使青少年精神上瘾。一旦离开网络，便会产生精神阻碍和异常等心理问题和疾病。表现在日常生活和学习中，就是举止失常、神情恍惚、胡言滥语，性格怪异。

最后，这种电器对人体都有一定的辐射，容易导致孩子视力下降，也为身体健康带来隐患。过高的电磁辐射污染会对视觉系统造成影响，刺激眼睛，引起眼睛干涩、疲劳、重影、视力模糊甚至头颈疼痛。有人曾做过实验，连续看4至5小时电视，视力会暂时减退30%，过一段时间后才能恢复。如果连续长时间看电视，视力得不到恢复，便形成长期性的视力减退。尤其是看液晶显示屏或彩电，由于亮度过高，容易使眼睛疲倦，视力衰退更快，这也就是为什么越来越多的孩子戴上眼镜的原因。

所以，父母不要让孩子长时间看电视、沉迷于网络游戏，否则对孩子身心发展造成严重的危害。

【给爸妈的话】

如果孩子没有过度看电视，沉迷游戏，对学习没有影响，还可以让孩子适度地放松紧张的神经。但是，如果孩子上了瘾，那么就后悔莫及了。

那么，家长应该怎样让孩子戒掉电视和网络游戏呢？

（1）严格控制孩子看电视、上网的时间

父母要从孩子从小就控制他们看电视、上网的时间，规定每天只能看一个小时，或是做完作业之后才能看，避免孩子上瘾。同时，父母引导孩子常看一些思想性、知识性、科学性、趣味性较强的节目，不要看画面暴力、色情的节目，也要防止孩子迷上网游。

（2）关爱孩子，让孩子感到家庭的温暖

很多有电视和网络瘾的孩子，是因为压力大，或是缺乏父母的关心，想要在虚拟世界中找到感情寄托。所以父母要多关心孩子，多和孩子沟通，让他觉得现实比电视网络更能让他感到温暖和快乐，这样他就可以戒掉电视和网络了。

（3）不要采取粗暴的方式

很多父母为了戒掉孩子的网瘾，会故意把网线切断，或是把电脑锁起来。有的父母还时常采取语言暴力，比如批评、指责、谩骂等。事实上，这样的方式对青少年作用很小，反而会起到相反的作用。要知道，青少年有极强的叛逆心理，你越是不让他做什么，他就偏要做什么，他们很可能偷偷到网吧上网，或是采取激烈的方式对抗父母。

(4) 用健康的活动转移孩子的注意力

家长可以结合孩子的兴趣，发扬孩子的长处，转移注意力。多与外界接触，参加一些文体活动，例如制作航模，打球，看一本自己喜欢的书，引导他转移兴趣。其实，有益的玩就是学，有趣的学就是玩。处理好学和玩的关系，就能使学习成绩迅速提上去。

(5) 培养孩子的兴趣，让孩子多参加积极的活动

家长要培养孩子一些基本的兴趣：比如运动，有益孩子的身心健康；阅读，可以促进孩子的思考提高孩子的智商；交往，可以增加孩子投入生活的乐趣等等。或者帮助他们交上一些志同道合的朋友，共同学习、生活，互相帮助，互相支持鼓励，让孩子有群体的归宿感。

7.切断孩子与网络"红灯区"的联系

进入青春期后，由于生理上的发育逐渐成熟，直接诱发了青少年对性意识的关注。这一时期，青少年对"性"充满了好奇，希望去了解"性"。

然而，很多父母缺乏对孩子的性教育，未对青少年及时教育疏通，因此青少年只能通过隐蔽或半公开的讨论以及各种渠道获取关于性的知识。比如青少年可能怀着好奇心来通过网络、书刊等方式来了解性的知识，但是由于网络上充斥着很多不健康的黄色内容，给孩子带来了很大程度的误导，导致孩子对"性"认识的偏差，甚至迷恋黄色网站。

李华原本是个品学兼优的学生，但是自从迷上黄色网站后，整天沉缅于浏览色情图片，下载黄色视频，严重地影响了学业，如今已经休学在家将迈一个学期。李华的母亲说，自己和李华的父亲都是做生意的，平时忙得很少在家，更没时间陪儿子，因此只要儿子提出物质上的要求，父母都会满足。

去年暑假的时候，为了帮助孩子学习，李华的父母给李华配了一台电脑。此后假期中的两个月，儿子果然足不出户，整天坐在电脑前。父母在家的时候，有时还把书房的门反锁不让父母进去。父母不懂得使用电脑，一直以为儿子是在学习，也就没去管他。后来有一天，李华的母亲突然发现儿子瘦了，眼圈发黑，神情发呆，吃饭心不在焉。母亲以为儿子太用功太累了，等儿子吃完饭回到书房后，母亲推门进去，却看到了电脑上男女性爱的画面。儿子正看得聚精会神，看到母亲，两人都发呆了好一会儿，儿子突然把电脑关掉跑了出去。

事后，在母亲的再三追问下，李华终于承认自己整个暑假都沉浸在黄色网站里，脑子里整天都是那些画面，其他什么事都不想做，也提不起兴趣，晚上还严重失眠。母亲哭着要求儿子以后不要再看了，但是没有效果，每天不上网，儿子就很焦躁，坐立不安，失眠得更厉害。

青少年之所以迷恋黄色网站，根本原因是青少年对性的渴望欲、神秘感得不到有效的排解，常常导致其性苦闷。在得不到正规的系统的关于性的教育的情况下，他们不得不借助黄色网站进行宣泄。再加上，青少年时期是一个人自我意识逐步发展成熟的关键时期，这一时期青少年的身心发展尚未定型，遇事缺乏冷静的思考，易冲动，更没有建立起成熟的性爱和性道德观念，容易受到外部条件的不良诱惑。所以，父母要抛弃传统的性教育，应该及时给孩子开展正常的性知识教育，淡化青少年对性的神秘感，消除青少年的性苦闷。

当然除了青少年内在的对性的渴望之外，网络色情本身的外在刺激也是青少年沉迷其中的重要原因之一。从心理学上讲，内在需要和外界刺激共同推动了行为动机的产生。从根本上说，网络色情正是满足了青少年个体内在的低级需要，并使他们的感官及肉体欲望高度膨胀，直至不能自拔。网络色情具有很强的综合性，是多种色情的杂合体。随着网络的发展，色情内容充斥着整个网络，对青少年的意识行为产生更为有力的冲击，让许多青少年迷恋其中，欲罢不能。

而网络色情不仅有大量的低俗的镜头画面，还充斥着淫秽语言，这对于青少年来说就像是荼毒身心的精神鸦片，让他们沉迷在其中而不能自拔，严重地危害了孩子们的心灵。

所以，家长们必须要多关心孩子，不要让孩子沉迷于网络，更不要让孩子陷入色情网站的陷阱之中。否则对于孩子的心理健康、身心发展都有极大的危害。

【给爸妈的话】

青少年沉迷于色情网站在现如今已经是一个很严重的问题，可以说大部分的青少年都曾有过触及过网络色情经历，这对于青少年心理健康造成了极大的危害。对此，家长应该采取有针对性的行动，不仅要对孩子进行系统的性教育，让孩子正确地看地性，更要关注自己的孩子，避免孩子沉迷其中。

(1) 运用软件过滤网页，给孩子的身心健康把关

父母要给电脑上安装合适的绿色软件，过滤网上的信息，最好是能够对色情信息做出根本性拦击。这样孩子在上网时就可以避免接触到那些不健康的信息，给孩子营造良好的上网环境。

(2) 给孩子正确的性教育，让孩子了解性

青少年由于生理上的发育逐渐成熟，对性充满了好奇，希望去了解性。如果父母总是有所忌讳，不能给孩子正确的教育，那么孩子就会通过自己的渠道去获取关于性的知识。而网络则是最直接、方便的渠道，这样孩子就容易接触很多不健康的黄色内容。

所以，当孩子进入青春期后，父母不要对"性"讳莫如深，只要教育得当，孩子就不会误入歧途。

（3）了解孩子，帮孩子屏蔽掉不良网友

一般来说，青少年首次接触不良信息都在在一些不良朋友的引诱下发生的。因此，了解孩子，多关心孩子的情况是非常重要的。一旦发现孩子交了不良网友，家长就应该让孩子认识到其危险性，让其远离。

父母还要随时注意孩子浏览的网站中是否包含了暴力或色情的内容。注意异常现象，例如电话账单或信用卡账单是否有异常支出，孩子是否常深夜上网，而且沉迷其中。

（4）让孩子养成健康上网的好习惯

父母应该与孩子沟通、讨论后，定下合理清楚的上网规定：上网多长时间，什么时候可以上网，将约定贴在电脑旁边，引导孩子正确地利用网络，多为学习和生活服务；告诉孩子网络可以增长自己的见识，丰富自己的阅历，但是必须将注意力关注到积极健康的内容。

8.多爱孩子一点，让孩子离毒品更远一分

一提到吸毒，很多人会想到成年人，其实，青少年已成为吸毒群体的"新生代"。很多青少年为了追赶时尚、流行、前卫，

不惜屡次尝试冰毒、摇头丸等毒品，甚至聚众吸食毒品。据统计，青少年吸毒人数逐年递增，真是让人触目惊心。

寒假的时候，小文和几个校外朋友出去玩，朋友带他来到一个时尚的迪厅。小文是第一次来这种场所，感到什么都非常新鲜，闪烁的灯光，舞池中疯狂跳动的人群，一时间感到目眩神迷。

看着年轻人疯狂地跳着，小文不禁感到奇怪，为什么他们能够如此释放，跳得如此兴奋?这几个朋友一下子就看出小文的心思，偷偷地拿出了一粒药片说："吃了这个试试吧，保你比他们跳得还疯。"小文知道这不是什么好东西，但是在好奇心的驱使下，他还是吃下了那个药片。不一会儿，小文就体味到了一种从未有过的虚幻感觉，便跟随着舞池中的人群疯狂地跳动起来。

事后，小文才知道这就是摇头丸。虽然他知道毒品的危害，但是还是遏制不住自己的欲望，有了第一次就有了下一次，慢慢地，他染上了毒瘾。有一次，小文在迪厅中和朋友们跳舞，出来后还是神情恍惚、摇摇晃晃的，正好被巡警看到，经过警方盘查，警察们发现这几个青少年竟然吃了摇头丸。最后，小文被警察抓获，父母震惊孩子竟然堕落至此。

现如今，青少年涉毒的现象更加严重，毒品问题正极大地威胁着青少年的健康成长。一般来讲，导致青少年吸毒的主要因素是青少年本身的心理问题。这主要以现在好奇、空虚、逆反、挫折这四种心态。

首先是好奇心理在做怪。青少年时期心身处在发育阶段，喜欢猎奇、标新立异，遇到新鲜玩意都想去尝试。再加上青少年缺乏足够的自制力和分辨能力，对毒品的危害认识不足，当听别人说起吸"白粉"后的"神奇"感受，就会想要去亲身体验一下。结果一下子上了瘾，之后就再也不能自拔了。

其次是精神空虚，一切青少年为了寻求刺激、填补精神上的缺失，把吸毒作为一种时髦来追求。青少年时期是一个人的心理由幼稚趋向成熟的时期，也是人生观和价值观的形成时期。在这一阶段，青少年难免会出现理想与现实的矛盾，有的青少年对之认识处理不当，心灵空虚，胡乱寻求寄托、刺激，甚至形成"有钱人都吸毒""吸毒是时髦"等错误观念。而且现在市面上流散着不少新型毒品，这些新型毒品不仅披着"漂亮的外衣"，而且有着"动听"的名字。有的青少年把吸食冰毒、K粉、麻古、"蓝精灵"等新型毒品当成时尚、潮流，应该尝试一下。

青少年的逆反心理也是导致青少年吸毒的一大原因。正处于"过渡期"的青少年，其独立意识和自我意识日益增强，迫切希望摆脱成人的监护。他们反对成人把自己当"小孩"。要求以成人自居，为了表现自己的"非凡"，就对任何事物倾向于持批判态度。正是由于他们感到或担心外界无视自己的存在，才产生了用各种手段、方法来确立"自我"与外界对立的情感。

最后，当青少年遭遇挫折的时候，也容易产生吸毒的行为。在青少年这个阶段，常常会因为对人生的思索、对学业的担忧、爱情的烦恼、社交的障碍等等方面体验到方方面面的挫折。一些意志力相对薄弱的青少年，不够冷静和理智，在遇到挫折时，不是采取积极进取的态度、化压力为动力，而是借助毒品逃避现实，依靠吸毒产生的瞬间明幻觉来暂时摆脱挫折心理。

除了青少年自身心理的因素，环境的影响也是孩子们染上毒品的重要的原因。目前毒品泛滥，歌厅、网络等都很容易让孩子们接触到毒品。而社会、学校对毒品的危害宣传力度不够，所以，青少年会因为猎奇心理而尝试吸毒。所以，预防青少年吸毒，还需要家庭、学校、社会的共同努力，给孩子营造一个健康安全的环境，不要让毒品侵害了孩子们的身心健康。

【给爸妈的话】

面对毒品对青少年健康的威胁，家长有义务而且必须时刻帮孩子把好关，使孩子远离毒品的侵害。

（1）让孩子远离烟酒，远离不良环境

烟酒是吸毒的入门药。几乎所有吸毒的青少年在尝试毒品之前，均已形成吸烟或饮酒的嗜好。一般说来，从不尝试烟酒的孩子，其吸毒的可能性比吸烟或者饮酒者要小得多。因此家长应该避免孩子去接触烟酒，更不能放任孩子养成吸烟喝酒的不良习惯。

除此之外，父母还要让青少年对毒品的危害性有正确的认识，让他远离容易沾染不良习气的环境，比如游戏室、网吧、酒吧、迪厅等等。这些地方都不适合未成年，也容易让孩子接触不良的朋友。

（2）谨慎过滤孩子的朋友，增强孩子自我保护意识

青少年不会自己跑去吸毒，这种情况的出现一定是受到了身边朋友的影响，一步步引诱孩子走向毒品的深渊。所以，父母要及时关心孩子，帮孩子过滤掉那些不良的朋友。同时，父母还要增强孩子的自我保护意识，不要受不良朋友的引诱，犯下不可挽回的错误。

（3）让孩子养成良好的生活习惯

想要让孩子与毒品绝缘，父母就应该让孩子养成良好的生活习惯，比如告诫孩子不要吸烟喝酒，应多参加集体活动、体育活动。父母可以从生活上多关心孩子，多带孩子一起参加户外旅游，与同龄人多沟通交往。这样一来，孩子的生活充实了，良好的习惯养成了，就会让孩子远离毒品了。

（4）培养孩子的独立意识

父母还应该增强孩子的心理耐受性和适应性。青少年的自我认识的能力越强，就越是能够对自我做出正确的评价，自我行为调节能力就越强，心理特征就比较稳定，对毒品的抵制力就越强。

（5）一旦孩子不慎涉毒，要及时补救

父母要告诫孩子即使自己在不知情的情况下，被引诱、欺骗吸毒一次，也要珍惜自己的生命，不再吸第二次，更不要吸第三次。尽量不去环境复杂的歌舞厅、卡拉 OK，要谨慎，绝不吸食摇头丸、K 粉等兴奋剂，孩子一旦染上毒瘾，要强制戒毒，送戒毒所。不能心软，更不能给钱助长他去买毒品。心软了孩子就是死路一条。

9.别让孩子误解了"朋友义气"

青少年很容易形成一种哥们义气的思维，因为他们正处在一个自我意识的形成阶段，急切想要证明自己已经长大，具有独立自主能力，但是孩子们又缺乏独立判断能力，容易受到环境和其他人的影响，产生严重的从众心理。

青少年非常渴望得到同伴的认同和支持，所以，我们就会发现很多孩子经常把"义气""够哥们"等词挂在嘴边。为了所谓的义气，做出不计后果的事情，比如为对方去打架，为对方犯错误，甚至有"为朋友两肋插刀"的思想。其实，这些青少年的心理非常不成熟，根本不知道什么是真正的朋友，什么是真正的义气，以至于做出了错误的行为。

伟明刚刚上初三，平时喜欢交朋友，对待朋友热情大方，慷慨仁义，所以男同学都喜欢和他交往。最近伟明在网络认识了几个外校的朋友，一起打游戏，时间长了，就成为了很要好的朋友。

一天，伟明和这几个朋友打完游戏之后，到外面的大排档吃烧烤，几个年轻人聊天聊得热火朝天，就没注意到自己的声音影响了周围的客人。突然一个声音大声喊道："你们几个说话小点声，吵死了。"伟明的朋友站起来反驳道："我们自己聊天，和你们什么关系！"就这样，双方你一言我一语地吵了起来。不知道谁先动了手，伟明和朋友与对方打成了一团。一个朋友一冲动用啤酒瓶子打破了对方的脑袋，这下大家全傻眼了。大排档主人赶紧报了警，伟明和这些人都被叫到了警察局，好好地被警察教训了一顿。

由于对方脑袋被打破，伟明和朋友不得不赔偿对方两万元的医药费，伟明也需要分担好几千元。更严重的是，伟明打架的事情被学校领导知晓，领导严重地批评了伟明，并且给予了严重警告处分。

当妈妈批评伟明不应该参与打架时，伟明却理直气壮地说："他们都是我朋友，对方打了过来，我怎么能袖手旁观呢？我不能不讲朋友义气！"妈妈这下可气坏了，恨不得打伟明一顿。但是她知道这样反而让孩子更加叛逆，于是稳定了下情绪，耐心地说："这次算你幸运，只是赔了些医院费。要是造成更严重的后果，导致别人重伤或是有生命危险，你被警察抓了，你想过后果吗？难道你要为别人的错误买单吗？"

听了妈妈的话，伟明低下了头，陷入了沉思。

青少年对自我行为缺乏正确的认识和约束，很容易受到其他人的影响，陷入哥们义气的陷阱之中。比如事例中的伟明，他也知道是打架是不对的，但是当朋友和别人发生冲突的时候，他自然而然地站在朋友的战线上，一冲动就加入了打架的队伍之中。

所以，作为家长一定要给孩子正确的引导，让孩子们知道真正的友情和哥们义气之间的区别。父母要告诉孩子，真正的友情可以为对方奉献，无私地关心对方、帮助对方，从学习和生活上给予帮助和支持。而所谓的哥们义气，则是只是证明自己"够意思"，行为往往是错误的，比如帮朋友报仇，替朋友打架，甚至做出犯法的事情。

另外，真正的友情和哥们义气的相处方式来不一样，朋友之间会真诚以待，相互理解、沟通，相互支持。而哥们义气则以吃、喝、玩、乐、打架、金钱等方式来获得利益上、欲望上的满足。

【给爸妈的话】

哥们义气对于孩子的学习生活有很大危害，作为家长，应该正确地引导孩子，让他们远离哥们义气，远离那些所谓的"朋友""哥们"。

（1）让孩子明白什么是真正的友情

很多孩子打着"哥们义气"的名义去打架，去为朋友出气报仇，这其实是因为青少年们认为朋友之间讲究"义气""出手相救"是非常正常的行为，这不但能维护自己的朋友，更显示自己的"英雄情怀"。

父母要告诉孩子，为朋友打架不是真正的友情，而为朋友出头也不是英雄的行为。真正的友情应该是真诚的、友爱的，不涉及任何不正当的事情。而为报仇而打架本身就不是正确的事情，真正的英雄应该是伸张正义的行为。比如，在人群中抓住小偷，对有困难的人伸出援助之手等等。

（2）让孩子明辨是非，增强自我控制能力

很多青少年的是非分辨能力并不是很强，自我控制能力很差，所以时常为了追求所谓的刺激而受到别人的影响，和社会上的坏孩子学习不良的行为。所以，父母要让孩子明辨是非，增强自我控制能力，多和优秀的朋友交往，多学习其他人身上的优点，而不是被别人"带坏"。

比如，父母可以给孩子制定交友原则，让孩子学会洁身自好，这样就不会在交友的过程中迷失自我了。

第8章　成长的困惑

——别让生理问题，成为孩子的纠结

看着孩子的变化巨大的身体，我们知道，孩子真的长大了，已经进入了青春期。青春期是孩子身体、心理巨变的时期，他们可能会对自己身体形态、生理的变化产生疑惑甚至感到神秘，也许迫切地想要了解这些变化的原因，但又羞于张口，于是便产生了心理压力。这个时候，孩子最需要我们的引导，帮助他们完成生理和心理的蜕变。

1.爸妈辛苦点，带领孩子一起去"战痘"

对于青少年来讲，长痘痘是件很平常的事情，但是对于爱美的孩子来说，这可不是一件小事。

芳芳是个爱美丽的女孩，平时学习积极主动，上课爱回答问题，也积极参加集体活动。可是，最近原本性格开朗的她，变得内向沉默，每天不愿意出门见人，上课再也不积极主动地提问了。好几次，同学约她一起参加聚会或是看电影，她也拒绝了。

原来，芳芳脸上长了一些小痘痘，她感觉现在难看死了，不好意思出门见人，怕同学们笑话。她在日记中写出了自己的烦恼：

"如果没有青春痘，我是多么开心啊。现在，我不会照镜子的，那样会使我没有信心、会破坏我的心情。梳头的时候，我宁愿对着有发射性的墙面，只要能照出我面部的轮廓就行了。我无法面对自己。无论我如何努力地控制自己，我的脸看上去都无法让我感到满意，那些长痘痘总是在刺痛我，我没有一天停止过对这些事情的烦恼，我几乎要发神经把它们都抠出来。"

青少年对外观比较注意，长了痘痘之后会觉得自己变得难看了，这种影响对青少年的心理会造成不容易被旁人所了解的反应，当长期不满或失望的情绪不断地累积而无法得到改善时，青少年就可能会心情低落，严重者则郁郁寡欢，进而产生情绪上的障碍和社交的心理问题。

青春痘给青少年带来的情绪上的障碍主要包括愤怒、焦虑、忧郁、挫折感等。青少年对于青春痘往往持有不正确的认知，这种不正确的认知常会使青少年出现自卑的心态，当青春痘情况恶化而无法好转时，愤怒的情绪就会转向自己或他人。而且青春痘对于青少年外表的破坏会给他们带来患得患失的心情，常会引起焦虑感，而焦虑感还可能会表现在用手去挤青春痘，或者其他生活作息上。青少年对外表的这种被破坏最直接的反应就是忧郁，此时生活周围的事情在他的眼中，都变成了灰色，受损的自我形象会深刻影响一个人的自尊心和自信心，这方面的负面影响会造成畏缩、自卑的心理，严重的忧郁倾向甚至会引起厌世自杀念头。

青春痘给青少年带来的社交的心理问题包括学校表现落后、社交活动减少。学校是一个充满压力的地方，由青春痘引起的情绪与压力，严重时会干扰到青少年的正常学习活动，也会使其变得被动畏缩，种种因素的影响还会使得一些学生成绩下滑，无法专心上课。

在约会或社交活动上，长了痘痘的青少年都因为外表的影响，而降低自信心与积极性，因而减少与人相处和接触的机会，而在心理上，这样的自我孤立还会有反复的恶性循环。

虽然青春痘是青春期的正常现象，但是却给孩子们带来了很多烦恼，家长们不能置之不理，否则孩子就会因此变得越来越自卑、焦虑，甚至变得忧郁起来。

【给爸妈的话】

青春痘时常会给青春期的少男少女们带来数不尽的烦恼，让孩子们的心中充满焦虑，而这一点往往为家长们所忽视，结果在不知不觉中，孩子因为痘痘的原因消沉了，而家长还不明所以。

面对孩子长痘痘这个"面子问题"，家长应该为孩子做一些事情：

（1）给孩子积极的鼓励，不要让孩子自卑

长青春痘是非常正常的现象，但是青少年都比较爱美，很容易因为痘痘而抱怨，或是产生自卑的心理，严重的还会影响到孩子的健康成长，也会造成心理和生理的恶性循环。所以，父母要给孩子积极的鼓励，不要让孩子感到自卑。父母可以这样和孩子说："你很漂亮，虽然长些小豆豆，但是并不影响你的漂亮。再说，痘痘很快就会好了，没有什么可在意的。"

（2）让孩子自己喜欢自己，学会自我肯定

家长应该开导孩子，人没有十全十美的，想要别人喜欢自己，首先要让自己喜欢自己。如果自己都讨厌自己，别人怎么会喜欢自己。所以，父母要让孩子善于发现自己的优点，学会肯定自己，这样孩子就不会因为小痘痘而没有信心了。

（3）帮助孩子释放压力，使情绪得到释放

很多青少年长痘痘是因为心理压力太大，内心的紧张、郁闷等情绪无法释放。如果，孩子的情绪得到了释放，压力得到了缓解，那么痘痘自然就会减轻，乃至消失。所以，父母要帮助孩子释放压力，可以多参加娱乐活动，听听音乐；有时间的时候，带孩子外出旅游等等。

（4）帮助孩子保持平稳的心情

当情绪激烈或者起伏大的时候，自然会影响人类的内分泌。当孩子心理总是烦躁不安时，肝火过于旺盛，也会导致痤疮的产生。保持心情平稳，并不是指压抑情绪，压制内心。只是在情绪出现波动后，及时地做出心理调整。家长可以和孩子进行适当积极的娱乐活动。这是一个提升情绪和平抚情绪的方式。比如旅行，听音乐，看电影，唱歌，瑜伽，有氧运动，都是帮助情绪调整的良好方式。

（5）注意孩子的饮食搭配

通常，饮食习惯对痘痘也有相当大的影响，所以家长要注意孩子的日常饮食。平时多给孩子吃含维生素 A、C、E 和纤维素的食物，比如水果、蔬菜等。另外，让孩子少吃甜食和油腻食物，少吃或不吃姜、蒜、辣椒，少饮浓茶、咖啡等刺激性饮料，多吃清淡的食物。

2.孩子盲目减肥，你怎么办?

爱美之心人皆有之，尤其是青少年就更是爱美了。为了爱美，很多女孩明明身材匀称、不胖不瘦，却一心想要减肥，让自己变得更瘦些，认为瘦才是真正的美。可是，这些青少年不知道，这个时期正是自己长身体的时候，需要足够的营养，身体才能充分发育。如果盲目地减肥，节食、挑食，那么很容易造成营养不良，影响身体的发育和健康，严重的时候还可能导致厌食症。

兰兰是一名初中一年级的女生，身材高挑匀称，足足有 163 厘米，虽然脸上有些婴儿肥，但是却青春漂亮。可是，兰兰却觉得自己有些胖，于是便想着减肥。每天吃饭只吃一点点，只吃蔬菜，不吃肉类，尤其是肥肉。以前兰兰最喜欢的就是妈妈做的红烧肉，现在即便是再馋，也不敢多吃一块。虽然妈妈每天都劝她多吃些，这么小的孩子减肥干什么？但是兰兰就是不听劝。

一天，妈妈给全家做了很多美味的食物，包括兰兰爱吃的红烧肉、鸡翅。可是，兰兰口水都快流下来了，却只是绕过这些肉类只挑青菜吃。妈妈不停地说："兰兰，多吃些肉。今天都是你爱吃的。"兰兰只好夹了一块鸡翅，但是第二口说什么也不吃了。看着兰兰如此，妈妈说："你不要盲目地减肥，你并不胖！"兰兰低声说："你看我的脸，都是肉。"妈妈笑着说："你只是有些婴儿肥。再看看你的胳膊，胳膊都看见骨头了。我问你，你最近是不是有些没力气，精神也不好？"兰兰点了点头。妈妈说："你这是营养不良啊！每天只吃西红柿、黄瓜、蔬菜，主食吃那么少，肉类也不吃，营养怎么跟得上。女孩子爱美我也理解，我现在也爱美。可是不能盲目减肥啊！你说说，皮包骨头这算美吗？"

听了妈妈的话，兰兰想了好一会儿。之后把筷子伸向了自己最爱吃红烧肉，之后再也没有嚷嚷减肥了。

青春期的女孩大都比较爱美，唯恐自己发胖，受到别人的嘲笑。但是她们却没有考虑到，自己身体发育还没有完成，需要足够的食物才补充营养，需要各种维生素、矿物质和蛋白质，这样才能促进身体的正常发育。如果盲目地减肥，很容易会给自己的健康带来了隐患，造成营养不良。再说了，很多孩子就像事例中的兰兰一样，只是有点婴儿肥，身材非常好，她们却错认为自己很胖。

不可否认，在营养过剩和运动不足的情况下，摄入过量的脂肪会导致人发胖。但是，为了防止发胖，青春期女孩拒绝摄入含脂肪量高的食物，尤其是肉类，是非常错误的行为，不利于身体的发育。

这是因为，脂肪是体内许多组织、器官的必要组成成分，想要拥有健康的身体就不能离开脂肪。并且，食用脂肪中含有四十多种脂肪酸，它们大多可以互相转换，但是三种脂肪酸却不能由其他脂肪酸转化，必须通过摄取食物才能获取。人们一旦缺乏这些必须的脂肪酸，就会影响身体的健康，并且会引起一些疾病。比如维生素 A、维生素 D、维生素 E 和维生素 K 等人体必需的微量元素，只有在有脂肪的情况下才能被人体吸收和利用。如果没有足够的脂肪，这些微量元素就会缺乏，引发相关疾病。比如人体缺乏维生素 A 就会导致失眠、疲倦、夜盲、掉头发等等。

由此可见，盲目减肥可能给孩子们带来很多不利的影响，包括身体方面和心理方面。

很多女孩想要丰满挺拔的胸部，这样自己身材才显得更好。但是，盲目减肥，限制食物的摄入，直接导致胸部的发育迟缓，导致胸部干瘪。因为，女生的胸部除了腺体之外，还有脂肪组织，而且脂肪组织的多少是决定胸部大小的重要因素之一。饮食中的蛋白质、维生素及微量元素等物质，可以促进女孩胸部的发育。尤其是进入青春期之后，女孩只有保证足够量的营养物质，多补充蛋白质、脂肪，才能保证乳房发育得更好。

盲目减肥的女生还可能导致致月经失调，扰乱性激素分泌。如果女生只吃蔬菜、水果等营养少的食物，拒绝吃肉类、面类、豆类、鸡蛋等食物，就会导致身体严重营养不良，还会导致雌性激素分泌减少，从而造成月经量减少、血色变暗等症状。更严重的是，过度节食，会导致神经性厌食症，这种疾病对青少年的伤害是极大的，不仅会导致体重下降得很快，全身代谢变慢，再想恢复体重和月经，就会变得非常困难。因为这时候，孩子已经丧失了食欲，对什么食物都不感兴趣，即便是勉强进食，也会因为胃部排空变慢而感到胃部发涨难受，出现恶心呕吐等症状。

再说，即便是孩子真的有些肥胖，父母也应该告诉孩子不要盲目减肥，应该加强体育锻炼，循序渐进地减肥。如果盲目地通过节食来减肥，那么就会有害身体健康，尤其是女孩，还可能因为过度节食而导致闭经。一旦发生这种情况，必须经过医生治疗才能痊愈。

【给爸妈的话】

很多青春期女孩盲目地减肥，其实她们并不胖，但是为了追求苗条，也学习成人来减肥，节食、拒绝吃肉类食物。父母应该告诉孩子，她们正处于身体、智力和性发育的特殊时期，如果限制脂肪摄入，很容易影响身心健康。

(1) 保持营养均衡，避免孩子挑食

青少年必须保持营养均衡，多吃肉类、蛋类、牛奶、蔬菜、水果等食物，这样才能保证营养的充分摄取。父母要让孩子少吃汉堡、甜食、冷饮等不健康的食物，更不要让孩子挑食。

(2) 让孩子知道盲目减肥的危害

一些孩子只顾着苗条漂亮，却不知道盲目减肥的害处。父母一定要多关心孩子，关注孩子的饮食和生活，一旦发现孩子盲目减肥，就及时让他们知道减肥的害处，知道摄入足够营养物质的重要性。

（3）孩子减肥要循序渐进，要加强体育锻炼

如果孩子的身体真的比较肥胖，父母也不要着急，更不要让孩子用节食的方法来减肥。减肥是需要循序渐进的，父母要合理安排孩子的饮食，多让孩子参加体育锻炼。减肥的过程中，应该让孩子改掉爱吃零食、甜饮料、洋快餐等不良习惯。

（4）父母要以身作则，给孩子做好榜样

很多父母由于爱美，时常通过节食、吃减肥药的方式来减肥，这样会给孩子带来不良的影响。所以想要孩子不盲目减肥，父母就必须以身作则，给孩子营造一个良好的家庭氛围。

3.小心点！别让男孩变声成为"娘娘腔"

一般来说，男孩13岁就开始进入变声期，到15岁完全进入变声期，19岁以后喉结就已经凸出了，声音开始变得低沉。但是，每个人由于身体发育的原因，变声期有早也有晚。有些青少年声带虽然发育了，但是喉结还没有凸出，使得声带不能充分地震动，所以声音依然是细细的，好像是女生一样。

这是正常的生理现象，父母们应该引导孩子，不要因为声音

细就担忧、紧张，也不要增加太大的心理负担。父母应该让孩子懂得变声期的声音变化，否则孩子就会因为自己和别人与众不同而产生自卑心理，会因为担心别人的嘲笑而产生心理障碍。

16 岁的李琨已经上了高中一年级，长得眉清目秀，身高有 180 厘米，是个阳光帅气的男孩。但是，李琨最近却愁眉不展，心思重重，因为他觉得自己说话的声音太细了，和女孩子似的，被别的同学笑话自己是"娘娘腔"。

一天，学校组织同学们去春游，他们班的一个同学和其他班级的男生发生了矛盾。大家正在排队与标志性建筑物照相，可是其他班级的几个男生却突然插队。李琨的同学不满地说："你们没看见大家正在排队吗？想照相就必须排队。""就是，就你们着急啊！我们班都排了半天了，你们这么插队，太没素质了。"

谁知对方仗着自己人高马大，蛮横地说："就不排队，你们能怎么样!"

李琨是班里的班干部，而且也是班级中最高大的，他站出来说："本来就是你们的错误，你们怎么可以不讲理。不要以为自己人高马大，可以欺负我们班级，我们不怕你们!"

谁知，李琨刚说完话，对方几个男生就哈哈大笑地说："哈哈，娘娘腔！我们不和女生计较，就让给你们照相吧！"说完，对方就大摇大摆地走了。

这下，李琨可气坏了，自己只是说话声音细一些，怎么就娘娘腔了？为什么别的男生都"变声"了，而自己的声音却又尖又细呢？

随着年龄的增长，孩子们的声音就会由童音变为成人的声音，声音开始变硬，失去了儿童的柔和感，不再那么细了。尤其是男孩子，说话声音会变得粗一些，有些嘶哑、低沉。从身体结构上来看，男生的喉结还会变大，不过还不是非常凸出。这一阶段就是青少年的变声器。再过一段时间，男生的声音就会变得更粗、更低沉，和成年男性的声音相差无几。而这个时候，男生的喉结也会更加明显，更加凸出。

其实，男生的变声和喉头有很大的关系，它是主要由上方的甲状软骨和下方的环状软骨等组成，甲状软骨由左右方形软骨经中线连接而成，其形状如同向后展开的两页书皮。声带就在甲状软骨里面。当男生进入青春期后，喉头迅速发育长大，左右两块方形软骨所构成的夹角变小，上部向前突出形成喉结。这个时候，喉头的前后颈也会迅速地加宽，声带的长度也会迅速变长。

随着声带的变长，男孩的声音就会变得低沉，不再是细细的童声。

【给爸妈的话】

很多男孩的变声期比较晚，所以到了十几岁的时候声音还是细细的，好像是女生说话的声音。父母要及时给予孩子正确的引导，避免让孩子陷入困扰之中。

（1）指导孩子进行声音的练习

如果孩子还没有变声，父母可以知道孩子进行声音的练习，首先可以进行中声区嗓音练习，从中央 C 调开始向上、向下扩展练习，每天坚持两次，每次十五分钟。这样一来，孩子的声音就可以发生变化。

同时，家长还可以对孩子的喉软骨进行按摩，促进喉头的发育和变化，按摩时可以从喉结上部轻轻地向下推按，每天两次。过了一段时间后，孩子的声带就会被拉长，就可以降低音频，使孩子说话变得低沉一些。

另外，父母应该注意，在孩子进行声音练习的时候，一定要在医生的指导下进行，避免方法不当，对孩子的身体造成伤害。

（2）注意保护孩子的声带

在孩子变声期，父母应该注意保护孩子的声带，冬季注意防止孩子感冒和上呼吸道感染等疾病；在饮食方面，尽量让孩子少吃辛辣刺激的食物，比如辣椒蒜等。也尽量让孩子少吃冷饮，否则会刺激嗓子，导致变声期的不适。

（3）及时给予孩子心理疏导，避免让孩子产生自卑心理

当其他孩子都变声，而自己声音还是细细的时候，孩子的内心会感到巨大的压力。如果遭到了其他孩子的嘲笑，那么孩子就会越来越自卑，越来越紧张，以至于不敢说话，不敢与人交往，甚至让孩子产生自闭倾向。

所以，家长们在孩子变声期要及时给予心理疏导，告诉孩子变声的道理，避免孩子产生心理障碍。

（4）家长要多鼓励孩子，给孩子营造宽容的生活环境

青春期的孩子都是敏感的，遇到一些事情就容易钻牛角尖。所以父母要多鼓励孩子，多和孩子沟通，尽量给孩子营造一个宽松的生活环境。

4.告诉孩子，胸是女孩的骄傲不是羞耻

处于青春期的女孩子，胸部发育是非常正常的现象。但是，一些女生却自己胸部发育情况和同学有差异，就会对自己的性发育倾向和性身份产生怀疑，从而造成一些不必要的心理压力。

丽丽上高三了，最近却情绪有些低落，因为她发现自己和别人不一样。别人穿衣服显得乖巧可爱，可是自己胸部却非常丰满，有些女生还开玩笑说她发育得太好了。

丽丽以前没有太注意，从此之后开始变得敏感起来，总因为自己的胸部感到害羞。平时在校园中走，看到别人看自己，也会觉得他们是在嘲笑自己。于是，她整天都胡思乱想，变得敏感多疑，一天都晚都是想着胸部的事情。为了让自己和别人一样，丽丽走路都不敢抬头挺胸，总是含胸驼背，严重影响了身体的发育。

妈妈见孩子总是含胸驼背，害怕对孩子的发育不好，还特意给孩子买了合适的内衣。但是丽丽却不肯穿，只是穿自己之前的内衣，因为新内衣会让自己显得更为丰满。

其实，胸部的发育和激素分泌有直接关系，因为胸部发育受垂体前叶、肾上腺皮质和卵巢内分泌激素影响。如果激素旺盛，

女孩的胸部就丰满，相反胸部就小巧。此外，生长激素、胰岛素等也是乳腺发育不可缺少的成分。所以，青少年不要因为自己胸部丰满或是太小而苦恼，也不要给自己增加心理压力。

对于青春期的女孩来说，不管胸部是大是小，是高高隆起还是扁平低垂，都是你独一无二的。如果孩子因为和别人不一样，就变得自卑甚至是羞耻，那么只能陷入消极的情绪之中，从而影响了身心的健康发展。所以，父母要教育孩子，从心理接纳自己，喜欢自己，如果你能在走路时保持昂首挺胸，充满自信，那么人们所关注的将不再只是你的胸部，而是自信的魅力和青春的活力。

事实上，对于青春期的少女来讲，胸部的大小和发育阶段有着密不可分的联系。少女胸部的发展可以分为几个阶段：首先是在7至8岁的时候，你的乳晕开始变深、变大；而后在10至12岁期间胸部开始渐渐隆起，形成一个小丘的形状；13至14岁左右，乳头及胸部发育加快，到15岁左右，胸部就几乎变成了半球状；而直到15岁以后，胸部才渐渐成熟而定型。可见，正处于发育期的女孩，其实还根本无法预测自己未来胸部的形状，过早地担心是完全没有必要的。

【给爸妈的话】

但是有一些青春期女孩子，就是认为自己的胸部有问题，从而背负着一定的心理负担，作为父母就应该想办法去帮助她们，消除她们这方面的心理压力：

（1）让孩子充满自信，认为自己是最美的

青春期的孩子如果失去了自信，那么即便是自己的优点，也会认为是缺点，觉得别人时刻在嘲笑自己。所以，父母要培养孩子的信心，让她们知道自己是最美丽的。这样孩子就不会因为自己胸部的问题而苦恼、自卑、甚至消沉。

（2）帮助孩子端正审美观念，让孩子培养自己的内在美

美从来都不是绝对的而是相对的，父母应该告诉孩子们，不要因为自己身体的缺点而担忧，也不要因为别人的眼光而自卑。事实上，内在美远远比外在美更显现一个人的魅力，父母要培养孩子正确的善美观念，做一个开朗、自信、阳光的女孩。这样的内在美，远远比拥有一对漂亮的胸部重要得多。

（3）给孩子选择适合的内衣

青春期的女孩对胸部发育有不适感也是可以理解的，所以，当孩子的胸部开始发育时，父母应该帮助孩子选择适合自己的内

衣，既可以让孩子更美丽，又可以保证孩子的身体健康，不会对身体发育产生不良影响。

（4）帮助孩子纠正不良的运动习惯

有些女孩子由于从事不当的运动或劳动或是长期用不正确的姿势写字，就会造成两侧胸大肌及结缔组织发育不同，从而影响双侧胸部的对称。如果注意纠正不良的运动及劳动习惯，养成正确的写字姿势再辅以适当的按摩，两侧胸部不对称的现象会随之得到矫正。所以，两侧胸部不对称并不是终生的创伤。

5. "好朋友"来了，教孩子好好招待她

月经对于青春期的女孩来说，是生命中的一个重要时刻。通常，女孩第一次月经来潮叫作月经初潮，最早是 11 岁，最晚可以到 18 岁，而平均年龄为 13 岁左右。女孩到了这个时期，由于内分泌的变化，卵巢开始向外排出卵子。卵子通过输卵管进入子宫。与此同时，子宫内膜变厚、柔软、富有营养。如果卵子没有与精子相遇、受精，子宫内膜就会脱落、出血。这是非常自然的、正常的生理现象。

娇娇现在已经是初中生了，这天，娇娇和往常一样穿着雪白

的裙子去上学，上体育课的时候，同学们都到操场上集合，娇娇也一起跑了过去。可是，刚起身就被同桌拉住，只听同桌吃惊地说："你的裙子，你的裙子上面全是血。"娇娇听到同学的叫喊，迅速地转过头去，顺着同学手指的方向，看到裙子上一片红红的血迹，与此同时，娇娇发现自己的椅子上也有一大片的血迹，这让娇娇顿时感到又害怕，又难为情。

娇娇不敢告诉老师，又怕被别的同学笑话，担心自己得了什么大病。于是，她向老师请了病假，在同桌女同学的"掩护"下逃出了校门，一路上她用书包藏着挡着，很狼狈地回了家。

从那以后，娇娇知道了女人月经是怎么回事，并且每月都为那几天而苦恼。刚开始的时候娇娇的经期总是飘忽不定，常常弄得她措手不及，狼狈不堪，而且有时它来势凶猛，常折腾得她在床上翻来滚去，功课自然也受到了很大影响。

由于女孩在月经初潮时，自身的生殖器官并没有完全长成成年女性那样大小，功能也还不完善，所以，月经初潮并不意味着生理发育完全成熟。很多女孩经期可能会有一些不适，如容易疲倦、情绪不稳或忧郁等，这些也属于正常现象，女孩不要因此而紧张，或是担心自己得了什么怪病。

另外，青春期的女孩因为对月经不了解，会觉得这是非常难以启齿的事情，所以会因为月经而苦恼，甚至产生厌烦的心理。加上月经那几天的不适，女孩心中会非常烦躁，没有心思学习，做什么都提不起精神，还非常容易急躁和冲动。这一方面是由于经期中神经内分泌系统的影响。另一方面是有些少女对月经缺乏正确认识，受家长及大同学的影响，认为来月经在一生中都是件痛苦、倒霉的事。

其实，女孩只要保持精神愉快，避免情绪过大波动，就可以了，没有必要太苦恼。同时，女孩还要注意适当休息，保证睡眠充足，防止过劳，注意保暖，注意营养，多吃些蔬菜水果，多饮开水，少食辛辣寒凉食物，保证大便通畅。经期可正常学习、工作和劳动。

如果有"状况"发生，可以私下里向自己的女同学、女老师寻求帮助，回到家中，妈妈爸爸更是女孩子求援的最好对象。所以父母要及时给予孩子帮助，让孩子正确认识月经，没有必要为它而苦恼。

【给爸妈的话】

女孩在月经期间，精神和心理方面也会受到影响，比如失眠、兴奋不能入睡或者上课时注意力不集中，食欲减退，身体感到躁热，易患感冒等等。身为父母者，要帮助孩子解决内心的烦恼，别为正常生理问题而苦恼。

(1) 要帮助孩子正确地认识月经

青少年可能对自己的身体并不了解，所以，父母要及时告诉孩子生理上、身体上的变化，让孩子正确地认识月经，让她知道这只是正常的生理现象。这样一来，女孩初次来月经就不会担忧、恐惧，也不会认为这是倒霉，甚至是可怕的事情。

同时，把自己的经验提供给女儿供女儿参考，让女儿有一个心理上的准备，这样才能降低女儿可能出现的恐惧与惊慌。

(2) 交给孩子卫生护理知识，保证孩子的身体健康

女孩月经期间，会导致身体疲惫，下腹疼痛，精神匮乏等症状。作为父母，为了孩子的健康，应该教会孩子如何做好卫生护理，注意适当的休息，并且注意营养和饮食。

(3) 给孩子积极正面的教育，告诉孩子这意味着你长大了

家长如果得知女儿初经来临，首先应以向女儿表示祝贺，因为这表明女儿已经长大了。同时，父母应该伺机向女儿的兄弟姐妹做思想教育，让他们学会以尊重的态度看待女生每个月的生理

期；同时也可以宣布女儿从此可独享的成年权利，藉此加强女儿心理接受自己成熟的事实，建立女儿在家中的优越感。

（4）调节孩子坏情绪，让孩子学会放松

孩子在月经期情绪容易波动，所以父母要懂得帮助孩子调节坏情绪，保持情绪稳定，心情愉快。父母可以鼓励孩子积极参加班集体的文娱活动，在课余时多阅读一些健康的文艺书刊，在不影响学习的情况下看影视作品，多和好朋友交谈知心话题，参加适当的体育活动等等。也可以让孩子尽量放松自己的精神，多听听音乐，这样有利于淡化对月经的关注，转移不良情绪。

6.注意了！别因疏忽让孩子"矮人一头"

一般来说，一个人的身高取决于遗传、营养及内分泌激素对生长速度的调节等因素。正常情况下，孩子身高增加速度有两个高峰期，一个是出生后到三岁左右，一个是青春期。但每个孩子生长发育情况又不同，有些早有些晚，不应该有太大的心理压力。

萌萌生性比较胆小、害羞，但是现在最令他烦恼的是自己的身高。虽然他已经16岁了，但是身高只有156厘米，而其他男同学都已经 170 厘米左右了。看着别人都比自己高，就连一些女生的身高都超过自己了，萌萌感到非常自卑，也非常苦恼。他不禁抱怨说："为什么我长得这么矮？"

一天，学校篮球队选拔队员，萌萌非常喜欢篮球，于是决定前去报名，可是由于身高没有达到篮球队的标准，所以被拒绝了。这下他更自卑了，垂头丧气地回到家。父亲看到萌萌心情低落，于是关心地问道："孩子，你为什么不高兴，可以和我聊聊吗？"

萌萌沮丧地说："我想参加篮球队，但是由于身高原因被刷下来了……爸爸和妈妈身高都很高，为什么我这么矮呢？我是不是生病了？还是发生了基因突变？"

父亲温和地对孩子说："虽然你现在身高有些矮，那是因为你发育比较晚。等到了时候，自然就可以长高了。"

萌萌说："电视上有增高药，你给我买些吧！"

父亲立即否定地说："那些都是骗人的！每个人的身体条件不同，有些人发育早，有些人发育晚。你只是发育比较晚而已。只要你加强锻炼，及时补充营养，很快就会长个儿的。你看我们同事家的孩子，高中毕业的时候才 160 厘米，可是不到一年的时

271

间，就已经涨到 180 厘米了。"

听了父亲的话，萌萌不再胡思乱想了。

很多青春期的男孩都有萌萌这样的烦恼，看着其他男生都增长得非常快，而自己却没有什么变化，因此变得越来越着急、越来越焦虑，甚至产生了自卑的心理。

其实，每个孩子的发育情况都是不同的。有些男孩发育得比较早，12 岁左右就开始快速增高，而有的男孩发育比较晚，17 岁、18 岁才开始快速增高。青春期成熟之后，孩子的身高增长速度就明显有所减慢了，直到某个年龄时不再增长。不过，男孩基本到了 18 岁之后，身高就开始停止增长了。所以，处于青春期的男孩，不要因为身高比别人矮而担忧，更不要因身高的限制而陷入自卑之中。父母应该教育孩子，让孩子知道，处于青春期的时候，孩子的增高潜力是非常大的。一般来说，青春期的孩子身高可以长高 20 到 30 厘米左右。

当然，孩子身高还与很多因素有关，具体可以分为以下几个方面：

（1）与父母的遗传有关

人的最终身高绝大多数取决于遗传因素。也就是说，父母身材高，子女身材自然高；父母身材比较矮小，子女自然也不太高大。一般来说，父母的遗产占了身高因素的 30%~40% 左右。

(2) 身高与体育锻炼有关

青少年是否经常锻炼也和身高有不小的关系。因为运动之后，身体会分泌一种有利于孩子生长的生长激素。而据调查显示，如果坚持锻炼一年，男孩的身高会比不经常锻炼的人多长 1 至 2 厘米，女孩子多长 2 至 3 厘米。所以我们会发现，那些经常打篮球的男孩子，要比整天闷在屋子里孩子身高要高一些。

(3) 身高与营养的摄取有关

从某种意义上来说，身高就是营养物质的堆砌，所以孩子营养充足，每天摄取足够的蛋白质，那么身体就会迅速地增高。如果孩子经常喜欢挑食，营养摄取不充分，那么身高就会受到影响。

(4) 身高与孩子心理健康状态有关

如果青少年时常保持良好的心情，心理状态乐观、积极向上、自信，那么身体增长就快；相反，如果孩子心理上压抑、忧伤、自卑、抑郁，情绪不稳定，那么身体发育就会迟缓一些，甚至会停滞。

因为现代医学表明，心情可以影响人体激素的分泌，积极的心理状态促进激素的分泌，而激素是决定生长的关键因素。所以我们经常看到有些男孩乐观、阳光、高大；而有些男孩抑郁、自卑、矮小。

（5）身高与一些疾病有关

青春期的男孩如果患上了某些疾病，也会影响到身体的发育，抑制孩子的身高。比如肠胃炎，因为孩子一旦犯上了这种疾病，就会没有太好的食欲，就会影响营养的正常吸收，从而导致影响身体的发育。

再比如鼻炎，虽然鼻炎不是什么大病，但是却时常令孩子莫名其妙地情绪低落，头昏脑涨，容易情绪化。这极大地影响了孩子的心情和心理状态，以至于影响了孩子的身高。

另外，孩子的身高和睡眠也有很大的关系。因为青少年的身体基本上都是在睡眠中生长的。青春期是孩子们雄性激素和生长激素分泌最旺盛的时期，前者可以促进孩子的骨骼不断增粗，后者可以促进孩子骨骼增长。而这两种激素都是在睡眠中分泌最旺盛。如果孩子睡眠质量不好，或是经常晚睡、熬夜，那么就会影响身体的发育。

除此之外，男孩性早熟、缺乏家庭温暖、父母生育年龄等因素也是影响孩子身高的因素之一。

如果孩子在青春期身高较矮，就会产生忧虑和自卑的心理，所以父母要正确引导孩子，找到孩子身体发育迟缓的原因。避免孩子因为身高问题而影响了身心的健康发展。

【给爸妈的话】

男孩都希望自己高大帅气，如果身高上有劣势，就会打击孩子的自信心，让孩子做什么都没有勇气。所以，父母要告诉孩子，身高是由很多因素影响的，找到孩子身高矮小的原因，并且给予孩子正确的引导，帮助孩子解决问题。

（1）让孩子明白身高和发育早晚有关

如果孩子身高是因为发育晚导致的，父母就应该告诉孩子身体发育早晚这个道理。让孩子没有必要担心身高的问题，只要保证营养的摄入和坚持锻炼就可以促进身体的快速发育。

（2）注意孩子饮食，让孩子保证充足的营养

决定孩子身高的因素中，父母的遗传之战三分之一左右，后天的环境占了绝大部分。而在后天的条件中，保证营养充足是最

关键的。在平时的饮食中，父母要保证孩子锌、钙、铁等核心营养的摄入。多让孩子吃牛奶、豆类、牛肉、深色蔬菜、虾、贝等食物，少吃甜点、可乐、果汁等含糖量高的食物。

（3）保证孩子充足的睡眠，增加孩子的体育锻炼

充足的睡眠和体育锻炼不仅可以增强孩子的体质，还可以促进孩子急需的生长激素的分泌。所以，父母要让孩子养成早睡早起的好习惯，每天必须保证 8 个小时的睡眠；多让孩子参加体育锻炼，比如打篮球、跑步、引体向上、交叉伸展、跳绳等等。这些运动可以增加孩子关节、韧带的柔韧性，有利于身高的增高。

父母尽量不要让孩子做举重、杠铃、铅球、铁饼等负重训练，这样的运动不适合青春期的孩子，会影响孩子的身材发育。

（4）多关心孩子，让孩子保持愉快的心情和乐观的心态

很多父母只关心孩子的学习和生活，却忽视了孩子心理的健康。殊不知，孩子每天闷闷不乐，缺乏积极的心态，心理抑郁、自卑，也会给身体发育带来不良的影响。所以，父母要多给孩子一些关爱，让孩子感受到家庭的温暖，培养孩子乐观的心态，增强孩子的自信。这样一来，孩子才能健康地成长，才能变得高大帅气。

（5）如果孩子的身高发育出现了问题，要及时带孩子就医

孩子的身高发育出现了问题，父母不要想当然地认为是发育晚的问题而不着急。虽然孩子发育有早晚的问题，但是如果孩子身高真的比同龄人矮很多，父母就应该带孩子就医，查明原因，否则真等到孩子不长了，后悔就晚了。

7.孩子一见女孩就脸红，长大怎么谈朋友

青春期男孩的微妙心理和成年人有很大区别。对异性感兴趣，表现出来的却是排斥；渴望和异性交往，内心却非常胆怯、害羞……但是这些都是孩子真实心理的体现，也是比较正常的心理现象。

昊昊是个活泼好动的男孩，性格开朗外向，在同学们之中很有人缘。可是，昊昊却有一个毛病，那就是不敢和女孩说话，一看到女孩就像是变了个人似的，尤其是和女孩说话的时候，非常容易脸红。

一天，昊昊和几个男同学正在操场上打篮球，两队正为一个篮板球而激烈地争抢着。这时候，学习委员等十个女生，向他们走了过来，并且大声地叫了昊昊一声。这时候，大家全部都听了

下来，看了看昊昊，看了看学习委员。昊昊不好意思地走了过来，还没说几句话就脸就涨得通红。

这下，同学们都开始起哄，说："哎哟，昊昊，你怎么脸红了，学习委员和你说什么秘密了？"学习委员也不好意思了，大声说道："哪有什么秘密？昊昊是体委，老师叫我们商量运动会选拔运动员的事情。你们都有运动特长，也可以来参谋一下。"大家笑着说："原来是这事情啊！那昊昊你怎么还脸红了。我们还以为你被表白了呢！"

在大家的起哄下，昊昊更不好意思了。其实，昊昊也非常苦恼，自己平时挺开朗的，和男生可以打成一片，为什么面对女生的时候就容易脸红呢？他不解地问："我究竟是怎么了？"

其实，青春期男孩看见女孩就脸红并不是什么疾病，也不是什么心理问题，更不是产生了暗恋的念头。其实，这只是一种非常正常的生理和心理反应。这和早恋产生的原因是相同的，那就是随着孩子年龄的增长，性心理逐渐成熟，但是，生理和心智都还没有完全成熟。在与异性的接触过程中，他们对异性产生了很大的好奇心，想要了解异性，但是又比较害羞，所以，当青少年与女孩接触的时候，就会不自然地脸红。

另外有一些青少年比较内向、腼腆，不善于与其他人交往，和别人说话的时候会产生紧张的心理。但是由于他们了解同性，或是经常和同性接触，所以和同性相处起来，紧张感就不会那么严重。而和异性相处的时候，这种紧张感就会表现出来，从而会产生脸红的现象。

青少年看到女孩就脸红，很容易给自己的心理带来压力和困扰，所以父母要及时给予孩子正确的引导，鼓励孩子和异性交往，鼓励孩子提高自信。

【给爸妈的话】

如果青春期男孩看见女孩就脸红，很容易给自己带来心理压力和困扰，父母应该给予孩子正确的引导，帮助孩子解决这个心理问题。

（1）增加孩子的自信，多和异性交往

如果孩子看到女孩就脸红，那么解决这个问题的方法，不是逃避，而是战胜自己，迎难而上。因为越逃避，孩子就越内向、越害羞，问题也会越来越严重。父母应该增加孩子的自信心，鼓励孩子多和异性交往，这样一来，孩子战胜了自己的害羞感，增强自身的"免疫力",那么因为害羞而脸红的情况就会越来越少。

(2) 把异性当作同性来交往

很多男孩和同性交往的时候乐观自在,没有任何障碍,但是见到女孩就害羞,就感到紧张。这时候,父母可以让孩子用平常心来对待女孩,把女孩当成同性来对待。面对女孩的时候,想象着自己和同性是怎么交往的,这样,时间长了,孩子的紧张感就会慢慢减弱,遇到女孩就不会那么紧张、害羞了。

(3) 鼓励孩子多参加有异性参与的集体活动

青春期男孩会发现,在参加集体活动时,面对女孩就没有那么紧张了,反而比私下要自在很多。这是因为在集体活动中,孩子的意识里是面对一群人,而不是某一个人,指向性比较模糊。所以,面对集体中的女孩,他们才会很好地消除陌生感和紧张情绪。

所以,父母要多鼓励孩子参加有异性参与的集体活动,增加对女孩的了解,增加自己与异性交往的经验,这样就可以避免面对女孩的时候脸红,消除内心的紧张。

比如,父母要鼓励孩子参加班级组织的郊游,或是学校组织的舞会。为了让孩子多参加集体活动,父母可以让孩子邀请同学到家中聚会，最好是有女孩子参加。

8.让孩子明白，"小"一点其实没关系

男孩子到了青春期后，面对自己身体上的发育改变，心理上多少都会出现一些困惑，有些男孩对自己阴茎发育较小感到很苦恼，他们同龄人之间也喜欢以此互相取笑。个别男孩甚至会因为觉着自己的阴茎小而终日惶惶不安。

高中的时候，学校组织学生去体检。李朝检查完后在屏风后面穿衣服。偶然间听到两位医生在笑某个同学阴茎短小的事。李朝在想，阴茎短小是怎么回事？可是，碍于面子，他没有问同学和家长。林峰是李朝的好朋友。李朝把自己心里的疑惑告诉了林峰，林峰也不知道阴茎短小是怎么回事。

结果，两人想出一个主意，决定到浴池洗澡，暗中和别人比比阴茎。谁知到浴池后李朝和林峰在浴池里左看右看，都觉得别人的阴茎比自己的阴茎大些，有意思的是李朝认为林峰的阴茎比自己的大些，而林峰却认为李朝的大，从浴池出来已是晚九点多了。两人闷闷不乐地各自回家了。结果这一段时间里，李朝和林峰的情绪都很低沉。

到了周末，两人实在憋不住了，跑到省图书馆待了一上午。二人费了九牛二虎之力才翻到一本有关性知识方面的书，上面写道："17 岁以上的正常男性阴茎在常态下（即非勃起状态时）的长度为 7 厘米，平均 8.5 厘米……"看过资料后两人跑到李朝家关好门，在卧室里，急忙脱下裤子用格尺互相量起阴茎的长度来，结果都不达标。刹那间一阵惊恐向李朝和林峰袭来，两人都在想："我们已经 18 岁了，阴茎还能长些吧？"

其实，阴茎形态的大小、发育的早晚，个体之间会有一定的差异，青少年因此而过于紧张是大可不必的。而且通过目测比较他人和自己阴茎长度也存在着一定的误差。因为观察别人的阴茎需要从水平方向看，而观察自己的阴茎则需要垂直方向看，由于视错觉的缘故，同样长度的物体，垂直方向看要比水平方向看的长度短些，这就是误认为自己阴茎比别人阴茎短的重要原因。倘若再对照镜子水平方向观察自己的阴茎，就发现它变大了，这也是由于视角不同而引起的错觉而已。

况且，青少年的阴茎的大小，与人们的高矮胖瘦、五官相貌的差别一样，存在差别是非常普通的现象。在正常的非勃起状态时下，阴茎的长度应为 4.5~8.5 厘米，平均 6.5 厘米。直径为

2.0—3.0厘米，平均为2.6厘米。一般来说，发育成熟的男子阴茎的长度与周径在常温下小于这个正常的平均值；发育不正常、只有在小于4cm，且没有勃起能力，同时伴有第二性征发育不良，无生育力，且影响性生活者，才可称为阴茎短小。

然而，由于青春期的男孩，不清楚别人的性器是什么样子，无知造成不安，不安又引起自卑，怀疑自己太小、太短等。随着年龄的增长，有的男孩子担心自己阴茎短小的根本原因在于怕影响将来的婚姻和生育等问题。事实上，这种担忧是没有必要的，完全是庸人自扰而已。

一般情况下，青少年出现阴茎短小的情况大多是青春期发育不当造成的结果，因此，父母要及时对青少年进行性方面的教育，这样不仅能有效地保护孩子的发育，也能增加孩子性方面的知识。

【给爸妈的话】

处于青春期的男孩子，对于自己的阴茎的大小是相当敏感的，常常会偷偷和人比较，而且往往会因此形成不安的心理。对此，父母应该提前做好准备，以正确的知识来解答孩子心中的困惑：

（1）及时给孩子正确的性教育，帮助孩子正确认识生理特征

青春期的孩子，由于各种条件的影响，自身的发育情况也会不一样。有的孩子发育比较早，有的孩子发育比较晚，有些人会到二十几岁才完全发育。

所以，父母应该给予孩子正确的性教育，让他们了解自己的生理特征，并正确地看待自身的生理发育状况。

（2）及时了解孩子的忧虑，并且正确地引导孩子

处于青春期的男孩子往往会与别人去比较阴茎的大小，而且有时候这种问题会对年轻男孩的自尊所造成的影响，特别是一旦孩子注意到他的阴茎不同于他的朋友，或其他小孩注意到这情形而戏弄他时。

对于陷入忧虑的孩子，父母要及时给予正确的引导，必要时可以带他到医院进行检查。如果医生检查后认为是在正常范围之内，父母必须不断地告诉儿子他的阴茎仍属正常，长大之后就是发育正常了。

（3）要注意孩子的饮食和运动情况

青少年时期正是一个人身体发育的时期，很多男孩子阴茎短

小是因为营养不良造成的。所以，家长要保证孩子生长发育所需营养，多让孩子吃水果、蔬菜、蛋奶，以及肉类食品。孩子的营养充足了，身体发育自然良好了。

同时，父母要孩子多参加体育运动，锻炼身体，增加能量消耗，使能量代谢达到负平衡，消耗身体多余的脂肪。比如打打篮球、踢踢足球、跑步等等，这些运动不仅会增强体质，还可以让孩子身体得到充分的发育。

9.谈"性"不变色，做好孩子的性教育工作

青少年只要发育正常，到了一定的年龄阶段，自然会产生对性的好奇和冲动。这些都是很自然的事，也是每个人都必然经历的发育阶段。

在这一时期，青少年已经充分地意识到了性别的诧异，因此会很自然地产生探寻诧异的冲动，看到异性的第二性征与自己相异，便有了相应的好奇举动，另一方面，由于生理上的发育，自然而然地会产生亲近异性的感觉。

峰峰是位 15 岁的男孩，刚刚进入青春期。一天早晨，他从卫生间里跑出来，惊奇地对父母宣告："我的小鸡鸡上长毛了！"

峰峰的爸爸应变能力十分强，对儿子说："是吗？恭喜你啊儿子，你长成大小伙子了。来，让我摸摸你的喉结是不是也长出来了？哎呀，真是鼓出来了呢！我看看腋窝底下，也长毛了。以后毛还会越来越多呢，这证明我的儿子长大了。不过呢，爸爸要告诉你，自己身体的变化是属于个人隐私，可不能随便对人乱嚷嚷的。"

峰峰开心地说："爸爸，我知道了！"

然后峰峰的爸爸又在晚上跟儿子进行了一场非常自然、水到渠成的"男人"间的秘密对话，比如遗精现象啊，手淫的认识啊，生命的起源啊等，通过这次对话，不仅让峰峰一下子成长了不少，而且父子之间的关系也更加亲密了。

实际上，随着青少年性生理越来越成熟，潜在的性意识开始觉醒和萌发，这时的青少年惊喜、紧张、惊惶失措都是很正常的。往往青少年会出现如下的现象：

首先，对性知识发生浓厚兴趣。在我国的现行教育体制里，青少年的性教育还是很大的一片空白，性这一话题被大人和社会所封闭激起青少年的逆反心理。尽管课本里不讲性，但是青少年在日常生活中有很多途径可以接触到和性有关的话题。因此自认会引起青少年对性的极大兴趣。

其次，喜欢接近异性。在性激素的作用下，青少年会产生向往或爱慕异性的心理。这是自然规律，是性心理发育的体现。有人爱说青少年最容易早恋，大喊中学生多一半都早恋了，实际上他们这时的心理状况并非是早恋，而仅局限在一般的向往和爱慕之中，根本与恋爱无关。这一时期，青少年有了与异性接触的冲动，而且具有十分不稳定的特点，忽然热血沸腾，恨不得一下子投入对方的怀抱，忽然发了顿脾气，发誓再也不见他了。因此应让青少年懂得他们在年龄尚小、社会经验缺乏的心理不成熟的情况下保持与异性的广泛交往和正常的友谊。

再次，具有性欲望和性冲动。只要青少年的生理发育正常，到了这一年龄后产生性欲，即对性感兴趣，这包括爱看言情小说，做有性内容的梦，出现性的幻想和憧憬，性欲强烈时还会发生手淫的自慰现象，这都是顺理成章、天经地义的事，这是每个人都必然经历的发育阶段。

然而，由于受到传统观念的影响，很多父母尤其是男孩的父母，很少对孩子进行性教育，害怕孩子学坏。但是，这是一种非常错误的行为。对孩子来说，性教育是一门无法逃避的必修课，如果父母不能给予孩子正确的教育，孩子因为好奇心就会从其他方面获胜的，那么，一旦误入歧途，后果将不堪设想。

事实上，随着人们生活水平的提高，孩子的营养越来越好，身体发育也大大提前。再加上受到来源于外界的种种影响，比如电视、网络等对性问题的一些片面和扭曲的传播等，导致孩子对于性的了解并不正规和正确。而孩子们又非常渴望了解这一方面的知识，于是就促发了孩子的好奇和冲动。

这个时候，如果父母依然一味地回避，或采取遏制的手段，孩子就会变本加厉地对性产生更多憧憬和好奇，进而利用一切途径获取性知识。如果没有正常渠道，孩子就会去搜集黄色书籍、黄色光盘或浏览黄色网站等，对身心造成恶劣的影响，甚至对性认识出现偏差。

如果父母对孩子过于担忧，看到孩子涉及性的话题就不知如何是好，或运用简单粗暴的行为来遏制，那么，就会导致孩子的好奇心更胜，造成孩子的逆叛心里，家长却不愿意提，他们就越想知道。这样的行为，还会造成使孩子造成心理冲突，一方面他们认为性是邪恶的东西，另一方面又无法抑制自己的冲动，最终只得走向堕落和毁灭。

总之，青少年对性感到好奇是正常的，大人们要引导他们正确对待和处理这些总是既不能把性欲望和性冲动看作是思想不健康或低级下流的事，从而自责或产生内疚感；也不能让欲望控制自己，突破性道德和性文明的约束，模仿西文的性自由和性解放，从而出现性病感染、未婚先孕等不文明的恶果，使自己的身心受到严重的伤害。

【给爸妈的话】

关于性教育的问题，人们的观念逐渐变得开放起来，但是还有很多家长从来不对孩子进行性教育，对孩子涉及"性"的话题产生了过多的担忧。其实，青少年对性感兴趣是正常的，父母应该及时开展性教育，告诉孩子一些关于性的知识。

（1）父母要树立正确的性教育观念

要对孩子进行正确的性教育，父母首先要树立正确的观念，当孩子提出这方面的话题时，父母不要一味地逃避，也不要觉得不好意思。而是应该尽可能地给孩子以正确的解答，给孩子健康而完整的性教育。这样孩子才不会从网络、电视等渠道中获取不当的信息，对性有片面、错误的认识。

(2) 关注孩子，及时处理孩子不良的性行为和思想

随着孩子年龄的增长，孩子对性产生了好奇心，也会产生性冲动。再加上网络、电视等不良信息的印象，孩子很容易产生不良的思想和行为。这时候，父母要及时处理，引导孩子形成正确的性观念。父母千万不要简单地呵斥，也不要让孩子感到难堪，否则将给孩子心理带来很大的阴影。

父母应该耐心地引导孩子，采用科学的观点加以剖析，让孩子意识到什么是真正的科学和健康，什么是错误的行为和思想，有效避免因闭塞的性教育给孩子带来的伤害，同时引导他具有正确的性心理。

(3) 要与孩子进行恰当的沟通，帮助孩子解决困惑

父母可以用聊天的方式和孩子谈心，了解孩子亲近异性行为的动机，帮助孩子摆脱困惑。孩子在这一时期正处在好奇的阶段，因此当孩子有出现一些令你惊讶的行为时，不妨轻松地和他聊一聊，鼓励他多说话，这时你便会发现真正的原因，然后再慢慢地纠正他。

(4) 给予孩子正确的引导，克服孩子的猎奇心理

父母应该允许和鼓励孩子与异性交往。明确告诉孩子，当自

己遇到身体变化和发育方面的问题时，应多向父母或老师请教，多向热线电话、咨询部门求教，及早寻找到一个科学的答案。

比如，有的孩子认为自己的性器官发育有问题，就整天闷闷不乐，学习成绩下降。这时，家长就要耐心地给他们解说，解除他们的一切担忧，使之走上正确的轨道。对孩子的盲目冲动心理，要明确指出，有针对性地传授科学知识，指导其正常的行为，帮助孩子自觉抵制性挑逗、低级庸俗和不健康的读物，克服性猎奇心理，帮助孩子们理智地超越情感，培育高尚情操。

(5) 以平常的心态看待孩子的性好奇

父母不应该摆出家长的身份，站在批判的立场上来看孩子性好奇的这个行为，因为孩子了解的是他的世界，所以当他所表现出来的动作、行为，终究是属于孩子的世界。因此除非孩子的这样的行为一再出现，而造成别人的不舒服或两人之间的冲突，否则，父母不必刻意去特别注意。